Michael Hübler

Mitarbeiter-
motivation

Die neue Lust auf Leistung!

BusinessVillage

Michael Hübler
Mitarbeitermotivation
Die neue Lust auf Leistung!
1. Auflage 2014
© BusinessVillage GmbH, Göttingen

Bestellnummern
ISBN 978-3-86980-288-6 (Druckausgabe)
ISBN 978-3-86980-289-3 (E-Book, PDF)

Direktbezug www.BusinessVillage.de/bl/939

Bezugs- und Verlagsanschrift
BusinessVillage GmbH
Reinhäuser Landstraße 22
37083 Göttingen
Telefon: +49 (0)5 51 20 99-1 00
Fax: +49 (0)5 51 20 99-1 05
E–Mail: info@businessvillage.de
Web: www.businessvillage.de

Layout und Satz
Sabine Kempke

Autorenfoto auf Cover und im Buch:
Michael Hübler

Druck und Bindung
www.booksfactory.de

Inhalt

Vorwort:
Vom Jäger zum Gejagten

In Ihrem Aufgabenprofil steht: Motivieren Sie Ihre Mitarbeiter! Sehr schön. Doch wie das geht, ist auf keinem Blatt zu finden. Vermutlich haben Sie schon einiges ausprobiert: Learning by doing. Führungsstile. Andere Führungskräfte als Vorbild. Alles gut und notwendig. Aber hinreichend?

Offensichtlich nicht, wenn ich an meine Seminarteilnehmer denke. Nach den obligatorischen Erwartungsabfragen tauchen immer wieder dieselben Fragen auf, mit denen Sie sich vermutlich ebenso beschäftigen:

- Ich bin viel zu gutmütig. Was kann ich dagegen tun?
- Wie setze ich mich als neuer Vorgesetzter gegen die alten Hasen in meinem Mitarbeiterstamm durch?
- Es gibt Mitarbeiter, von denen ich keine Ahnung habe, wie sie funktionieren?
- Wie motiviere ich die Unmotivierbaren?
- Wie gehe ich mit Jammerlappen, Egomanen und Chaoten um?

All das hat direkt oder indirekt mit Motivation zu tun. Wie soll ich mich selbst positionieren? Soll ich aggressiv vorgehen oder verständnisvoll? Was ist, wenn das eine oder andere nicht zu meiner Persönlichkeit passt? Und was ist, wenn ich meine eigene Motivation auf dem Weg verliere?

In diesem Buch geht es also um die Mitarbeitermotivation. Was wir jedoch allzu oft sehen, ist die drohende Demotivation auf beiden Seiten. Genau hier setzt das vorliegende Buch an: Anstatt nur die Motivationsgestaltung der Mitarbeiter anzusehen, widme ich mich auch den Auswegen aus der drohenden Demotivationsfalle. Dabei ist kaum ein Thema so komplex, gleichzeitig auch so sensibel und von zentraler Bedeutung für die erfolgreiche Führung von Mitarbeitern. Es gilt, den Dschungel der Motivationsforschung sowie diverser Randgebiete wie den Neurowissenschaften kartografisch zu erfassen und die wichtigsten Erkenntnisse für die Praxis nutzbar zu machen.

Dabei erscheint es zentral für die Motivation der Mitarbeiter sowie für Führungskräfte selbst, von einem ›Ich muss motivieren‹ zu einem ›Ich kann motivieren‹ zu kommen. Der Schwerpunkt dieses Buches liegt daher weniger auf den Möglichkeiten direkter Einflussnahme. Dies wirkt allzu häufig frustrierend und ist nur selten von Erfolg gekrönt. Dennoch besteht Handlungsbedarf. Die Lösung: Verändere die systemischen Rahmenbedingungen und arbeite an grundlegenden Führungshaltungen. Die Motivation der Mitarbeiter kommt dann (fast) von allein!

Eine solche indirekte Einflussnahme ist zeitaufwendiger. Der Erfolg ist allerdings umso nachhaltiger. Damit bewegen sich Führungskräfte weg vom Modell des Jägers, der beständig auf der Jagd nach dem Motivationswild ist. Stattdessen werden sie zu Landwirten, die betriebliche Atmosphären der Motivation und Leistung säen.

Jäger sind beständig auf 180. Ihr Adrenalin hält sie stetig wach. Sie jagen, werden selbst gejagt oder stellen sich tot (beziehungsweise unwissend), bis der Sturm vorüber ist. Ein Bauer hingegen tut alles, was in seiner Macht steht, um später eine gute Ernte einzufahren. Er düngt, sortiert die großen Steine aus, macht den Boden nutzbar, besorgt sich gute Maschinen, bestellt das Land und dann ... braucht er Geduld.

Auf das Thema Führung übertragen, sollten wir unser Bild vom Landwirt um die Erfahrungen im Umgang mit Tieren erweitern. Es kommt nicht von ungefähr, dass Führungskräftetrainings auch gern mit Pferden absolviert werden. Ein guter Pferdewirt braucht nur wenige Gesten, um seinen Tieren zu zeigen, was er von ihnen erwartet. Analog braucht die Führungskraft stattdessen ...

- Ruhe und Gelassenheit im optimistischen Vertrauen auf eine gute Entwicklung.
- eine kontrollierte Körpersprache sowie kurze und klare Anweisungen.
- eine klare Vision gemeinsamer Ziele, was sich in einem klaren Auftreten widerspiegelt.
- die Bewusstheit seiner Wirkung.
- einen respektvollen und fairen Umgang mit seinem Gegenüber.
- die Fähigkeit, Atmosphären zu schaffen, um eine gesunde Entwicklung zu ermöglichen.

Mit diesem Modell kommen Sie vom ewigen Muss schneller Entscheidungen zu einer langfristigen Einflussnahme auf die Zufriedenheit und Motivation der Mitarbeiter. Denn Führung bedeutet entgegen der allgemeinen Auffassung nicht, mit einem Mal mehr Entscheidungen zu treffen, sondern weniger. Führung bedeutet, Mitarbeiter zu ermutigen, selbst Entscheidungen zu treffen (vgl. Pfläging 2008: 59). Und dies funktioniert zentral über eine nachhaltige Führung. Warum nachhaltig? Nachhaltigkeit hat etwas mit Haltung zu tun. Die Haltung, die Sie für sich selbst einnehmen, um mit sich und Ihrer Arbeit langfristig zufrieden zu sein. Und die Haltung, die Sie gegenüber Ihren Mitarbeitern einnehmen, um langfristig das Beste aus Ihnen herauszuholen.

Bei allen Lobpreisungen dieses Ansatzes wird deutlich: All dies kostet mehr Zeit, als kurze und knappe Anweisungen zu geben. Die Geduld dafür aufzubringen, nimmt Ihnen niemand ab. Die Tatsache, alles Notwendige für einen Erfolg getan zu haben, macht es jedoch leichter, das vermeintliche Nichtstun auszuhalten. Sie können folglich Geduld mit einem ruhigen Gewissen haben und entspannen. Dabei handelt es sich mitnichten um ein vollkommenes Zurücklehnen. Es geht vielmehr um das, was Sigmund Freud die »freischwebende Wahrnehmung« nannte: Sie sind gespannt und neugierig, halten sich jedoch zurück, um Ihren Mitarbeitern die Möglichkeit zu geben, ihre Chancen im vorgegebenen Rahmen zu nutzen. Um im Bild zu bleiben: Sie haben das Feld bestellt, nun wird gemeinsam geerntet.

Für den ein oder anderen mag es weitaus weniger sexy sein, sich als Bauer denn als Jäger zu fühlen. Hier ist wesentlich weniger Adrenalin im Spiel. Allerdings sollte auch die Frage erlaubt sein, was wichtiger ist: Anspannung und Hektik? Oder eine wohlüberlegte, ruhige Vorgehensweise, die Ihnen hilft, auch noch viele Jahre später mit Ihren Kräften hauszuhalten?

Sind Sie bereit, Ihrem Jäger-Dasein und dem Adrenalin Lebewohl zu sagen? Sind Sie bereit, der Feuerlöscher-Mentalität den Rücken zu kehren? Sind Sie bereit, sich der gelassenen Hintergrundarbeit eines Landwirts zu widmen?

Wenn Sie bereit sind, dann sind Sie herzlich eingeladen, die Herausforderung Mitarbeitermotivation anzugehen. Auf dem Weg dorthin werden Sie Antworten auf folgende Fragen finden:

- Wie werden Sie zu einem erfolgreichen Geber?
- Wie erarbeiten Sie mit Mitarbeitern Ziele, die wirklich motivieren?
- Welche Motive liegen hinter den Zielen der Mitarbeiter?
- Wie kreieren Sie eine Atmosphäre, in der sich Zufriedenheit und Motivation entwickeln können?
- Welche unterschiedlichen Typen von Mitarbeitern gibt es?
- Wie bringen Sie Mitarbeiter dazu, sich gegenseitig zu unterstützen?
- Was demotiviert Mitarbeiter am meisten?
- Welche sieben Haltungen wirken sich am meisten auf die Motivation der Mitarbeiter aus?
- Wie fördern Sie die Demokratiefähigkeit und Kreativität Ihrer Mitarbeiter?

Mit diesem Buch biete ich Ihnen eine Richtschnur zur Orientierung im Führungsalltag an. Getreu dem Motto indirekter Einflussnahme werden Sie jedoch nicht nur konkrete Anleitungen und Tipps finden. Ich werde auch immer wieder Fragen aufwerfen, die zum Nachdenken anregen.

Eine Leitlinie vorzugeben, der alle zu folgen haben, wäre vermessen. Zu unterschiedlich sind nicht nur die Mitarbeiter, sondern auch die Führungskräfte selbst. In diesem Sinne möchte ich Sie dazu einladen, Ihren eigenen Weg zu finden.

Warum Geben sich langfristig auszahlt

»Die Kunst des schönen Gebens wird in unserer Zeit immer seltener, in demselben Maße, wie die Kunst des plumpen Nehmens, des rohen Zugreifens täglich allgemeiner gedeiht.«

Heinrich Heine

Führungskräfte, insbesondere in Sandwichposition, stehen heutzutage unter enormem Druck. Sie sollen in immer kürzerer Zeit aus immer weniger Mitarbeitern immer mehr Leistung herausholen.

Vor allem Projektleiter sind dabei ebenso gefordert wie belastet. Hier treffen häufig Mitarbeiter aufeinander, die sich kaum kennen und erst ihren Platz in der Gruppe suchen. Konflikte sind entsprechend vorprogrammiert. Projekte stehen zudem unter dem Druck, schnelle Erfolge zu zeigen.

Wenn Sie die Zeit haben, Ihr Team langfristig aufzubauen, ist der Erfolgs- und Zeitdruck meist geringer. Dennoch werden auch Sie die Situationen kennen, mal Antreiber, mal Coach und mal Mediator zu sein, obwohl Sie weder das eine noch das andere gelernt haben.

Hinzu kommen Mitarbeiter, die nicht nur mitarbeiten, sondern auch mitdenken, -streiten oder sogar -entscheiden wollen. Der Umgang mit dem Typus übermotivierter Kronprinz will ebenso gelernt sein wie der Umgang mit Mitarbeitern, deren Lebendigkeit erst nach Dienstschluss zu beginnen scheint. Solche Kollegen zu motivieren gleicht einer nie enden wollenden Sisyphusarbeit.

Bei all den Anforderungen ist die öffentliche Meinung über Führungskräfte nicht immer berauschend. Ein Grund ist mit Sicherheit die in
der Literatur häufig vorkommende Vermischung der beiden Positionen
Führungskraft und Manager. Auch wenn es in der Praxis immer wieder
zu Überschneidungen kommt, wäre eine Trennung der beiden Begriffe
mehr als hilfreich.

Manager sind Unternehmenslenker. Führungskräfte sind Menschenlen-
ker. Sobald diese Vermischung in den Köpfen der Menschen stattfindet,
denken sie an einen Josef Ackermann und sein viel gerügtes Victory-
zeichen. Mit einem Wort: Führungskräfte haben es nicht leicht.

Schlimmer als solche Verwechslungen wiegen jedoch meist die eigenen
Erfahrungen. Viele von uns hatten mindestens eine Führungskraft im
Leben – im Zweifel einen schlimmen Lehrer die einem das Leben so
richtig vermieste. Aber halt! Handelte es hierbei überhaupt um eine
Führungskraft? Oder fiel da nicht eine Fachkraft per Unfall auf eine
Position, die weder für Sie noch für andere zu einem Gewinn wurde?

Was viele Mitmenschen vergessen: Führungskräfte sind die vermutlich
größte Gruppe der Angestellten. Und sie leben mitten unter uns! Denn
fast jeder leitet den ein oder anderen Azubi, einen Praktikanten oder
einen jungen Kollegen an.

Und ganz wichtig: Führungskräfte übernehmen Verantwortung. Sie gehen voran und halten ihren Kopf hin, insbesondere in Situationen, die
nicht auf den ersten Blick klar und eindeutig erscheinen. Da fällt es
leicht, diese anschließend für Fehlentscheidungen zu schelten.

Eine Führungskraft ist folglich nicht nur jemand, der nimmt, sondern auch jemand, der dauerhaft gibt. Jeden Tag, Hunderte Male.

Wenn wir das morgendliche Geben im Zuge von Brotestreichen für die Kinder oder dem Partner zuzuhören beiseitelassen, geht es im Arbeitsalltag so richtig los: Sie stehen Ihren Mitarbeitern mit Rat und Tat zur Seite und sind präsent. Sie analysieren komplexe Situationen und wägen Risiken ab. Sie liefern Visionen, treffen folgenreiche Entscheidungen und übernehmen Verantwortung. Sie entschärfen und regulieren Konflikte.

Und wenn etwas schiefläuft, müssen sie Ihre Entscheidungen in alle denkbaren Richtungen rechtfertigen.

Auf der anderen Seite bekommen sie etwas zurück. Sie bekommen im Erfolgsfall Ruhm und Ehre, Anerkennung für ihre Leistung, eine Gehaltserhöhung, wenn alles gut läuft und das gute Gefühl, für andere wichtig zu sein.

Wenn das Verhältnis zwischen Geben und Nehmen am Tagesende passt, können sie mit einem guten Gefühl nach Hause gehen.

1.1 Sind Sie ein Geber, Tauscher oder Nehmer?

Haben großzügige Menschen immer das Nachsehen? Wie Adam Grant (vgl. Grant 2013: 291 ff.) in seinem Buch *Geben und Nehmen* eindrucksvoll schildert, sind Geber sowohl auf der untersten Stufe der Erfolgsleiter als auch auf der obersten zu finden. Nehmer und Tauscher hingegen bilden das Mittelfeld. Inwiefern?

Geber können sich für andere aufopfern und damit die eigene Karriere torpedieren. Oder Sie arbeiten mithilfe ihres Geber-Verhaltens langfristig an ihrem Karriere-Netzwerk. Nehmer können zwar kurzfristig mit ihrer Durchsetzungskraft blenden, verspielen jedoch langfristig Beziehungspunkte, wenn sie Teamergebnisse als alleinige Erfolge für sich verbuchen. Wer möchte schon mit jemandem zusammenarbeiten, der die Arbeit anderer nicht wertschätzt und Lorbeeren stets für sich allein reklamiert?

Sollten Sie zu den Gebern zählen und dennoch Karriere machen wollen, gibt es ein paar Grundregeln:

Wer zu anderen Gebern großzügig ist, bekommt dies in der Zukunft mehr als zurück. Tauscher denken an diese Rückzahlungen bereits im Akt des Gebens, wodurch sich keine langfristigen Netzwerke ergeben. Echte Geber haben dagegen keine Rechenmaschine im Hinterkopf.

Um sich nicht von zu viel Empathie beeinflussen und sich allzu leicht für die Interessen anderer vereinnahmen zu lassen, sollten Geber von der Tit-for-Tat-Regel Gebrauch machen. Diese Version des ›Wie du mir so ich dir‹ erweist sich – mit einer eingebauten zweiten Chance – als äußerst einfache wie erfolgreiche Faustregel im täglichen Miteinander (vgl. Gigerenzer 2007: 61f.), damit Sie als Geber nicht als Fußabtreter enden:

1. Begegne deinem Gegenüber mit Vertrauen.
2. Wird das Vertrauen enttäuscht, steuere schnell gegen und gib deinem Gegenüber ein entsprechendes Feedback.
3. Wenn dein Gegenüber dir wieder entgegenkommt, bekommt es eine zweite Chance.

1.2 Der tiefere Sinn des Gebens

Geben heißt, ein Bedürfnis meines Gegenübers zu befriedigen. Sofern Sie die Menschen unterstützen, die selbst ebenso gerne anderen helfen, arbeiten Sie damit an einem nachhaltigen Netzwerk, auf das Sie zählen können.

TIPP

Geben und Nehmen in zwei Spalten
Eine einfache Liste mit zwei Spalten kann Ihnen eine Menge Klarheit über Ihr persönliches Verhältnis von Geben und Nehmen verschaffen. Denken Sie dabei auch an Dinge, die nicht sofort ins Auge stechen, wie Visionen geben oder Macht bekommen. Was überwiegt? Geben Sie zu viel? Nehmen Sie zu viel? Oder gibt es eine gute Balance? Nehmen Sie sich dazu ein paar Minuten Zeit, bevor Sie weiterlesen.

Schauen wir uns einige typische Bedürfnisse von Mitarbeitern an: Mitarbeiter haben ein Bedürfnis ...

- nach Klarheit in der Aufgabenerfüllung.
- nach langfristiger Sicherheit, um zu wissen, wie die nächsten Wochen und Monate ablaufen werden.
- nach Mitbestimmung.
- eigene Ideen einzubringen.
- nach Leistung. Leistung ist ein komplexes, oberflächliches Motiv. Die wahren Motive dahinter können die Lust am Perfektionismus oder auch die Angst vor Fehlern und Sanktionen sein.
- Teil eines gut funktionierenden und wertschätzenden Teams zu sein.
- zu wissen, dass ihre Arbeit sinnvoll ist.

Diese Bedürfnisse können Sie als Führungskraft auf die unterschiedlichste Weise erfüllen, indem Sie ...

- Mitarbeitern durch Visionen und Ziele einen Sinn hinter ihrer Arbeit vermitteln.
- tatkräftig vorangehen und damit andere mitreißen.
- Mitarbeitern Ihr Ohr leihen, zuhören und sie bei der Bewältigung von Problem unterstützen.
- Mitarbeitern klare Anweisungen und Anleitungen an die Hand geben, damit diese sich insbesondere als Neulinge sicherer fühlen.

Auf der anderen Seite ist es Ihr Anliegen, dass

- Aufgaben fristgerecht und qualitativ angemessen erledigt werden,
- Mitarbeiter eigenmotiviert sind, sodass Sie nicht stetig kontrollieren und nachhaken müssen,
- Mitarbeiter Sie ausreichend mit Informationen versorgen,
- sich Mitarbeiter Ihnen gegenüber loyal verhalten,
- auch Ihre Arbeit sinnvoll ist,
- auch Ihre Arbeit von anderen wertgeschätzt wird oder
- Sie als Führungskraft mit Ihren Anweisungen anerkannt und akzeptiert werden.

Die Folgen eines Missverhältnisses von Geben und Nehmen: dauerhafte Überforderung, Stresssyndrome, Burn-out in Verbindung mit Sinnentleerung und die eigene Demotivierung. Die gesunde Balance wurde zu einer ungesunden Wackelpartie.

Beispiel: Ein typischer Dialog zum Nehmen und Geben in einem Mitarbeitergespräch (Führungskraft = FK, Mitarbeiter = MA)

FK (erwähnt die erste Chance): »Wir hatten vor einem Jahr gemeinsam klare Ziele vereinbart, die jetzt offensichtlich nicht erfüllt wurden. Können Sie mir das erklären?«

MA: »Nun, wie Sie ja wissen, kam in der Zwischenzeit die Fusion dazwischen und wir hatten allerhand andere Dinge zu tun.«

FK (gibt Feedback zur ersten Chance und äußerst sein Anliegen): »Das weiß ich natürlich. Dennoch bin ich erstaunt und irritiert, erst jetzt von den aktuellen Zahlen zu erfahren. Als Ihr Vorgesetzter hätte ich gerne mehr Klarheit. Ich hätte mir gewünscht, dass Sie schon früher zu mir gekommen wären.«

MA: »Sie haben recht. Ehrlich gesagt war es mir unangenehm, damit zu Ihnen zu kommen.«

FK (erwähnt mögliche Konsequenzen und bietet eine zweite Chance an): »Okay. Das kann ich verstehen. Dennoch bitte ich Sie, beim nächsten Mal früher zu kommen, um eventuell noch gegensteuern zu können. Was ich nicht möchte, ist Ihnen hinterherzurennen und wöchentlich zu kontrollieren, ob die Zahlen stimmen. Vermutlich wäre Ihnen dies auch unangenehm.«

MA: »Da haben Sie recht.«

FK (erfragt die Bedürfnisse des Mitarbeiters): »Sehen Sie. Was müsste ich denn tun, damit Sie beim nächsten Mal früher zu mir kommen?«

MA: »Ich glaube, ich müsste mich sicher genug fühlen, dass es nicht unbedingt an mir liegt, wenn etwas schiefgeht.«

FK: »Nun, ich kann Ihnen natürlich nicht versprechen, dass ich Sie bei einem Fehler von jeder Schuld freisprechen werde. Aber ich kann Ihnen versprechen, dass ich versuche, ein möglichst objektives Urteil zu fällen. Reicht Ihnen das?«

MA: »Okay. Das klingt fair. Danke.«

FK: »Ich danke Ihnen auch. Jetzt weiß ich, woran es gehakt hat.«

Natürlich kann es nicht immer so kuschelig zugehen. Insbesondere, wenn es um schwere Verfehlungen vonseiten des Mitarbeiters geht. Dennoch zeigt das Gespräch sehr deutlich, inwiefern das Tit-for-Tat-Geberverhalten der Führungskraft dabei hilft, den Mitarbeiter weder zu demotivieren noch zu kontrollieren. Im Gegenteil: Die Verantwortung wird zumindest teilweise auf den Mitarbeiter übertragen, wodurch sich seine Motivation und seine Leistung nachhaltig erhöhen.

Gleichzeitig wird dieser Mitarbeiter – sofern er ebenfalls ein Geber ist – auch Ihnen als Führungskraft etwas zurückgeben, und sei es die Information, einen Fehler frühzeitig zu melden. So spinnen Sie langfristig an einem sozialen Netzwerk, auf das Sie sich verlassen können.

Von der unbewussten Motivation zur bewussten Zielsetzung

2

»Eine mächtige Flamme entsteht aus einem winzigen Funken.«

Dante Alighieri, Dichter

2.1 Die Motivation, andere zu motivieren

Wenn Sie in Internetsuchmaschinen den Begriff Mitarbeitermotivation eingeben, bekommen Sie beinahe 60.000 Einträge. Ist es legitim oder überhaupt notwendig, ein weiteres Buch zu dieser bekannten Unbekannten zu schreiben? Schließlich gibt es bereits eine Fülle an Artikeln und Büchern zum Thema.

Das Bedürfnis zahlloser Führungskräfte spricht hier deutliche Worte. Die Masse an Büchern scheint nicht genug. Führungskräfte wollen nach wie vor erfahren, wie Mitarbeiter dazu gebracht werden, dass sie ..., ja was eigentlich?

- ... tun, was Sie als Führungskraft von ihr wollen?
- ... tun, was für das Unternehmen gut ist?
- ... tun, was sie selbst für sinnvoll halten?
- ... mit Engagement bei der Sache sind
- oder am Ende sogar mitdenken, mitfühlen und mithandeln?

Hier eröffnen sich einige moralische und praktische Tücken. Nicht umsonst unterscheidet Reinhard Sprenger zwischen Motivation und Motivierung (vgl. Sprenger 1995: 20). Der Antrieb, etwas anzupacken, ist vorhanden ... oder eben nicht. Aber kann ich jemanden bewegen (lateinisch: movere), etwas für mich oder die Firma zu leisten, dem die Energie zur Eigenbewegung fehlt?

Wird er es tun, mit der Pistole (beziehungsweise der Abmahnung) auf der Brust? Wahrscheinlich ja. Wird er es mit vollem Engagement tun? Sicherlich nicht!

Leistung kann kraft entsprechender Führung mittels Angst erzwungen werden. Die Frage ist nur, wie lange dies funktioniert. Despoten schaffen es immerhin, ihr Volk jahrzehntelang an einem Aufstand zu hindern. Der wirtschaftliche Erfolg lässt allerdings in der Regel zu wünschen übrig. In Abwandlung des bekanntesten Spruchs von Adorno »Es gibt kein richtiges Leben im falschen«, lässt sich auch für die Wirtschaft sagen: »Es gibt keine freie Motivation unter Zwang.«

Abseits von solchen Gewinn-Verlust-Gedanken kann Führung auch einen beidseitigen Nutzen als Ziel haben, durch Beförderungen, gegenseitige Verbindlichkeiten oder gemeinsame Gewinne. Das klassische Management by objectives trägt dem Rechnung, indem es sich an Zielen und Kennzahlen orientiert. Dies ist grundsätzlich nichts Schlechtes, da es Leistung klar verortet und damit den Mitarbeitern als Orientierung dient. Wenn jedoch der menschlich-emotionale, prinzipien- und werteorientierte Faktor fehlt, bleibt es lebloses Stückwerk.

Die meisten klassischen Motivationsbücher verfolgen einen direkten Ansatz. Hier geht es um Führungsstile, Jobrotation und Ziele, die ähnlich einer Karotte vor dem Maul des Esels diesen dazu bringen soll, seinen störrischen Hintern nach vorne zu bewegen.

So einfach ist es nicht – leider oder zum Glück. Ansonsten wäre das Leben langweilig. Stellen Sie sich vor, Sie müssten nur mit dem Finger schnippen und alle würden nach Ihrer Pfeife tanzen. Wie lange würde Ihnen das wohl Spaß machen?

Nein. Wir haben glücklicherweise keinen Schlüssel für das Gehirn anderer Menschen. Doch wir haben einen Schlüssel für unseren eigenen Kopf. Wir können an den eigenen Haltungen und Einstellungen arbeiten und so die Mitarbeiter langfristig mitnehmen.

Worum geht es also bei dem Paradoxon, nicht motivieren zu können und dennoch motivieren zu müssen, weil es zu Ihren Aufgaben als Führungskraft gehört?

Es geht darum, zu erkunden, welche Möglichkeiten Sie als Leiterin eines kleinen Teams haben, wenn Sie Ihre Mitarbeiter weder mit Geld noch mit Aufstiegschancen locken können. Oder welche Möglichkeiten Sie haben, wenn Sie als Projektleiter nur für eine begrenzte Zeit mit einem Team zusammenarbeiten.

Und da es schwer bis unmöglich ist, andere direkt zu motivieren, dreht sich dieses Buch vor allem um die Frage, welche Rahmenbedingungen Sie schaffen müssen, um Motivation zu ermöglichen. Anders formuliert: Was müssen Sie tun, damit Ihre Mitarbeiter von sich aus motiviert sind?

Um eines zu Beginn deutlich zu machen: Als Führungskraft kann es nicht Ihre Aufgabe sein, Mitarbeiter ohne ein Fünkchen Eigenmotivation zu Höchstleistungen zu motivieren. Dem Einfluss von Führungskräften sind natürliche Grenzen gesetzt. Motivation und Spitzenleistungen lassen sich nicht verordnen. Und Führungskräfte sind keine Personal-Coaches oder gar Therapeuten. Und dennoch gilt es, Spielräume der Motivation auszuloten.

2.2 Blackbox-Motivation

»Wenn ich nur wüsste, was den wieder geritten hat?«
»Warum geht die denn jetzt gleich an die Decke?«
»Der kommt aber heute auch nicht aus den Puschen!«

So oder so ähnlich läuft die Verwirrung durch den Flur von Unternehmen, Organisationen und sozialen Einrichtungen. Manche dieser Verwirrungen lösen sich schnell wieder auf – andere bleiben dauerhaft – und werden damit zum Problem.

Bei meiner ersten Begegnung mit dem Thema war ich 16 Jahre alt und absolvierte meinen ersten Ferienjob. Ich stand an einer Maschine und wurde schon am ersten Tag von den Kollegen gerügt: »Junge, mach' langsamer! Wenn du uns den Akkord kaputt machst, gibt es Ärger.«

Damals lernte ich, dass es mindestens zwei Arten von Menschen gibt: Die einen sind intrinsisch, das heißt aus sich heraus motiviert. Sie zeigen Leistung, weil es ihnen Spaß macht. Die anderen arbeiten, um Geld zu verdienen, mit dem sie sich Autos kaufen und in Urlaub fahren können.

Können Sie als Führungskraft nicht mit Scheinen winken, keine Beförderungen in Aussicht stellen und nicht an der Arbeitszeitschraube drehen, wird es eng in der Um-zu-Welt. In der intrinsischen Welt gibt es jedoch eine ganze Menge Hebel, die Sie bewegen können.

So oder so: Motivation ist in aller Munde. Jede Führungskraft hat mindestens einen unmotivierten, übermotivierten oder falsch motivierten Mitarbeiter und macht sich Gedanken über Verbesserungen.

Ein Mittel der Wahl, um der Motivation der Mitarbeiter auf den Grund zu gehen, sind dabei für viele Führungskräfte gezielte Fragen. Wer fragt, führt, heißt es. Und damit kommen Führungskräfte der Motivationslage ihrer Mitarbeiter mit Sicherheit mehr auf die Schliche als per Anweisung.

Wenn wir dicht beim Begriff der Motivation bleiben beziehungsweise einen Blick in andere Sprachen von Lateinisch bis Englisch wagen, wird deutlich, was Sie alles von Ihren Mitarbeitern erfragen können:

- Was bewegt dich?
- Was beeinflusst dich?
- Oder auch: Welche Züge wirst du als Nächstes unternehmen?

Der Begriff der Motivation ist vielfältig zu verwenden. Er kann einen Antrieb darstellen, womit wir begrifflich bei Sigmund Freuds Triebtheorie sind. Motivation fragt aber auch, was Menschen mit ihrer Handlung bewegen und erreichen wollen.

Wann immer wir uns die Frage nach der Motivation stellen, sind wir auf dem Weg in die Untiefen der menschlichen Persönlichkeit. Da diese den Protagonisten selbst nicht immer bewusst sind, gilt es, tiefer und breiter zu graben, jedoch mit einer weichen Schaufel. Wir wollen schließlich niemanden verletzen!

Wenn Sie sich die klassische Frage nach der Motivation »Dir fehlt es offensichtlich in letzter Zeit an Engagement. Warum ist das so?« vor Augen halten, werden Sie schnell merken, dass Sie hiermit auf keinen grünen Zweig kommen. Zu direkt, zu aggressiv, zu unvermittelt. Warum-Fragen zielen wie ein Pfeil frontal auf die Brust unseres Gegenübers. Ausflüchte sind vorprogrammiert!

Dabei können wir unserem Gegenüber nicht einmal schlechte Absichten unterstellen. Er weiß vielmehr in den meisten Fällen nicht, was er sagen soll. Vielleicht später, aber mit Sicherheit nicht im Kampf oder Flucht-Modus!

Dennoch wollen wir vor allem in Krisenfällen mehr über diese Untiefen bei unserem Gegenüber herausfinden, natürlich mit den besten Absichten.

Mentaler Perspektivwechsel

Ein erster Ansatz besteht darin, Ihre Intuition zu befragen: Was würde mich motivieren, wenn ich anstelle meines Mitarbeiters wäre? Gehen Sie verschiedene Möglichkeiten im Kopf durch, indem Sie sie mental simulieren: Wenn ich dieser Mitarbeiter wäre, würde mich Geld motivieren? Ein neuer Dienstwagen? Ein Parkplatz in der ersten Reihe? Unterstützung beim Umzug? Natürlich müssen Sie sich dazu in die konkrete

Lebenssituation Ihres Mitarbeiters hineindenken. Was für ein Typ ist er? Was braucht er? Was würde ihn glücklich machen? Was würde ihn gelassener machen?

Damit nehmen Sie die Perspektive Ihres Mitarbeiters ein und versuchen nachzuvollziehen, was Sie an seiner Stelle logischerweise tun würden.

Dabei denken wir oft daran, was wir tun sollten, nicht jedoch daran, was das Logischste ist! Wenn es in der Firma kriselt, ist es nur zu logisch, dass Mitarbeiter sich zurückziehen und in Halbtachtstellung gehen. Um sie wieder zu motivieren, brauchen sie folglich mehr Klarheit und Sicherheit.

Ein zweiter Ansatz – noch bevor wir uns der Motivation an sich widmen – besteht nach wie vor darin, Fragen zu stellen, um die Perspektive des Mitarbeiters auch aus seinem Mund zu hören. Nicht die schlechteste Faustregel für Führungskräfte lautet immerhin: Erst fragen, dann reden.

Statt des Warum-Stils sollten die Fragen allerdings im Wie- und Was-Stil formuliert werden:
- Was kann ich tun, um Ihnen genügend Raum für kreative Ideen zu geben?
- Was müsste passieren, damit Sie morgen früh voll motiviert an die Arbeit gehen?
- Oder: Wie könnte Ihr idealer Arbeitsplatz aussehen?

Sie sehen: keine Pistole auf der Brust. Es fehlt das Direkte. Mag sein, dass Sie sich damit zügeln müssen, wenn es schneller gehen sollte. Doch auch, wenn unser Instinkt uns rät: frage knallhart und direkt, zeigt die Praxis, dass das Erkenntnisziel damit eher in weite Ferne rückt. Indirektes Fragen funktioniert wie ein Tanz. Im Boxen gibt es eine Übung, in der die Partner sich an den Schultern halten und sich wie bei einem Tanz um eine imaginäre Mitte drehen. Sie dürfen drücken und sich drücken lassen, sich links herum und rechts herum drehen. Die einzige Regel lautet: Niemals den Kontakt abbrechen. Damit lautet das Ziel nicht mehr schneller Erfolg, sondern den Gegner im Auge behalten und auf Tuchfühlung bleiben. Indirekte Fragen funktionieren genauso: Sie bleiben am Ball und kommen zum Ziel, weil Sie Umwege machen.

Wie Adam Grant (vgl. Grant 2013: 199 ff.) in einer ganzen Serie von Studien nachweisen konnte, können wir andere leichter von unseren Einstellungen mit einem fragenden Stil überzeugen. Während autoritäre Aussagen wie »Sie sollten unbedingt in Zukunft so vorgehen« bei vielen Menschen auf einen kleinen bockigen Rebellen stoßen, wirken Aussagen wie »Haben Sie schon mal daran gedacht, so oder so vorzugehen?« wie ein Türöffner zur gedanklichen Auseinandersetzung. Goodbye Abwehrhaltung!

Ein Versuch, diese Erkenntnis gleich bei nächster Gelegenheit auszuprobieren, ist es sicherlich wert. Und die Demut einer Führungskraft, die ernsthaft herausfinden möchte, welche Veränderungsmöglichkeiten es gibt, aber dies nicht allein schaffen kann, tut der Wahrheitsfindung sichtbar gut. Damit ist das Feld für meinen indirekten Ansatz zur Motivation bereitet.

Machen Sie sich klar, dass Sie als Führungskraft niemanden motivieren können, der nicht selbst bereit dazu ist. Sie können allerdings durch Fragen die Motivationslage Ihrer Mitarbeiter ergründen. Zudem haben offene Fragen einen größeren und nachhaltigeren Einfluss auf andere als autoritäre Anweisungen.

2.3 Nur nicht danebenschießen!

Individuelle Menschen, individuelle Ziele

Die gute alte Motivationspsychologie prägte die griffige Formel (vgl. Heckhausen 1989: 168 ff.):

$$\text{Motivation} = \text{Wert} \times \text{Zielerreichbarkeit}$$

Erst wenn mir ein Ziel wichtig und **wert**voll erscheint, und ich dieses Ziel erreichen kann, bin ich motiviert genug, mich auf den Weg zu machen.

So einfach die Formel im ersten Augenblick klingt, so komplex wird sie bei näherer Betrachtung: Was heißt hier wertvoll? Wertvoll für wen? Für mich? Für meinen Vorgesetzten? Für das Unternehmen? Das ist jeweils sehr unterschiedlich. Damit sind wir kaum schlauer als zuvor.

Und was heißt hier Zielerreichbarkeit? Wenn Ratten in einem Labyrinth kurz vor dem Ziel etwas zu fressen riechen, wirkt dies wie Treibstoff für die Beine. Aber wie schaut es beim Menschen aus?

An dieser Formel können wir uns folglich, trotz aller Schlichtheit, abarbeiten. Sie zeigt uns, dass Ziele individuell sein müssen, um eine entsprechende Motivationskraft zu besitzen. Die beste Zielformulierung hilft wenig, wenn die Ziele keine individuelle Relevanz haben. Mit der altbekannten SMART-Regel – **S**pezifisch, **M**essbar, **A**ttraktiv, **R**ealistisch, **T**erminiert – kommen wir ein gutes Stück weiter. Ziele sind nur dann motivierend, ...

- wenn wir glauben, sie erreichen zu können und
- wenn sie realistisch sind. Daher ist die Unterteilung der Ziele in Zwischenziele und Meilensteine so enorm wichtig. Auch der größte Berg beginnt mit dem ersten Schritt.
- Zudem sollten wir Ziele so verpacken, dass sie einen persönlichen Reiz auf uns ausüben, sprich attraktiv sind.

Nur individuelle Ziele sind motivationsfördernd
Eine gute Möglichkeit, um das Individuelle an Zielen herauszufinden, ist die Frage: »Welche Bedeutung hat dieses Ziel für Sie?«

TIPP

In meinen Seminaren ergänze ich die SMART-Regel gerne mit einem einfachen oder doppelten ›B‹ zu einem 2B-SMART. Dabei steht das ›B‹ zum einen für Bewegung und Flexibilität und zum anderen für Bausteine. Wenn die Bedingungen sich verändern, sollten auch Ziele sich entsprechend anpassen (vgl. Pfläging 2008: 100 ff.). Um auf aktuelle Veränderungen am Markt beziehungsweise bei der Konkurrenz eingehen zu können, ist es zudem unerlässlich, von strikten Zielvorstellungen zu Strategien überzugehen. Ein Beispiel: Möglichst viel zu verkaufen, ist ein klares Ziel. Eine Strategie dorthin kann Kundenbindung mit emotionaler Kompetenz, die Erschließung neuer Märkte oder auch eine möglichst aggressive Vorgehensweise im Kundenkontakt sein. Kurzfristig harmoniert die dritte Strategie sehr gut mit dem Ziel, langfristig jedoch nicht. Wenn Sie allerdings die eine langfristige Strategie als Ziel nehmen, erreichen Sie zweierlei:

1. Der Mitarbeiter hat ein Ziel, das ihn motiviert.
2. Er bleibt langfristig flexibel.

Damit die motivierende Wirkung eines solchen Ziels sich voll entfalten kann, sollte es in einem nächsten Schritt in planerische Meilensteine unterteilt werden.

Skalen stechen Schwarz-Weiß-Denken

Um zu ergründen, was Werte im Kontext unserer Einstiegstheorie sind, ist es sinnvoll, die Zusammenhänge von Werten und Bedürfnissen zu klären.

Die Nähe von Werten zu Bedürfnissen wird offensichtlich, wenn wir uns vergegenwärtigen, welche Werte wir persönlich hochhalten. In einem zweiten Schritt sollten wir dann ein wenig tiefer graben.

Sind Sie ein Familienmensch? Betrachten Sie das Leben als einen immerwährenden Abenteuerspielplatz? Oder spielt Respekt in Ihren Verhandlungen mit Geschäftspartnern eine größere Rolle als finanzieller Erfolg?

Als Familienmensch haben Sie vermutlich ein großes Interesse an Nähe zu anderen Menschen. Sie könnten sich dieses Bedürfnis auch im privaten Bereich erfüllen. Doch als grundlegendes Bedürfnis wird sich dies wahrscheinlich auch im Berufsleben niederschlagen.

Als Abenteuer liebender Mensch haben Sie mit Sicherheit ein großes Bedürfnis nach Freiheit und Risiko in Ihrem Leben. Wahrscheinlich probieren Sie auch gern etwas Neues aus.

Und schließlich verbirgt sich hinter dem Respekt nichts anderes als der Wunsch beziehungsweise das Bedürfnis, selbst von anderen als Person geachtet zu werden.

Der Zusammenhang von Bedürfnissen und Werten lässt sich gut anhand einer Skala von 1 bis 10 verdeutlichen. Dabei werden auf den Stufen 1 bis 5 Bedürfnisse erfüllt, die lediglich zu einer Zufriedenheit führen. Auf den Stufen 6 bis 10 geht es um die Werte. Erst hier können wir von Motivation sprechen. Die Bedürfnisse gehen damit nahtlos in Werte, Zufriedenheit in Motivation über.

Zufriedenheit					Motivation				
Anerkennung					Prestige, Ehre, Status				
Nähe					Team, Familie				
Freiheit					Abenteuer, Risiko				
1	2	3	4	5	6	7	8	9	10

Skalierung von Bedürfnissen und Werten

Auf den ersten Stufen geht es verstärkt um die Grundbedürfnisse nach Freiheit, Nähe und Anerkennung. Nach und nach werden die Werte Prestige, Teamzugehörigkeit oder Risikolust als Handlungsoptionen deutlich.

Beispiel: Zwischen Freiraum und Abenteuer

10	Auswanderung nach Australien
9	drei Wochen selbst organisierter Safaritrip
8	Wochenendtrips zum Buggy-Skiten
7	Übernahme einer neuen Position im Ausland
6	Übernahme einer neuen Position im Inland
5	Übernahme eines neuen Geschäftsbereichs
4	Übernahme neuer Aufgaben
3	Freiraum im Beruf, um private Interessen zu verfolgen
2	Abwesenheit von Langeweile
1	Keine Gängelung im Büroalltag

Skalierung des Bedürfnisses nach Freiheit von 1 bis 10

Es lässt sich darüber streiten, ob es sinnvoll ist, eine Vermischung von Privatem und Beruflichem vorzunehmen. Wir sollten allerdings nicht dem Mythos aufsitzen, alle unsere Interessen im Beruf verfolgen zu können. Wenn Sie die Chance haben, dies dennoch zu tun, dürfen Sie sich glücklich schätzen. Doch die Erfahrung zeigt: Ein Abenteuer liebender Mensch – insbesondere wenn er Banker ist und Kerviel heißt – wird seine Risikofreude auch im Beruf ausleben.

Wir können hier eine deutliche Grenze ziehen zwischen Bedürfnissen und Spaß. Arbeit muss nicht immer Spaß machen. Sonst wäre sie keine Arbeit! Besser und zielführender ist der Ansatz: Was fällt Ihnen leicht? Und leicht fällt uns das, was unseren Motiven, Werten und Bedürfnissen entspricht. Dem einen fällt es leicht, mit viel Freiraum zu arbeiten. Der andere tut sich am leichtesten damit, Dienst nach Vorschrift abzuleisten. Und dem Nächsten fällt es leicht, andere herumzukommandieren. Mit Spaß hat dies in erster Linie nichts zu tun.

Denken Sie linear

TIPP

In unserer westlichen Welt geht es oft darum, ob der Schalter an oder aus ist. Sie sind wütend oder nicht. Gestresst oder nicht. Dies ist wenig zielführend. Wenn Sie lernen, die Motivation eines Mitarbeiters auf einer Skala von 1 bis 10 einzuschätzen, wird es Ihnen in Zukunft leichter fallen, Fortschritte zu bemerken und zu würdigen.

Unbewusste Motive – klare Zielformulierungen

Vieles, was uns bewegt, erscheint weit außerhalb unseres Bewusstseins. Motive und Interessen treiben uns an. Bewusst sind sie uns noch lange nicht. Es braucht ein Instrument, Beweggründe greifbar zu machen. Das Mittel dazu sind explizite Zielformulierungen. Das Ziel ›mindestens 50 Prozent seiner Zeit Dienst am Kunden zu tun‹ kann unterschiedlich Hintergründe haben. Es kann auf nachvollziehbare Weise mit dem teils unbewussten, teils bewussten Prinzip ›Der Kunde ist König‹ zusammenhängen. Es kann aber auch mit dem unbewussten Bedürfnis zusammenhängen, mehr direkte Eins-zu-eins-Interaktionen zu haben, da Mitarbeiter durch direkte Kommunikation mehr Rückmeldungen bekommen und zum anderen Kommunikation manchen Mitarbeitern mehr Spaß macht, als den ganzen Tag hinter einem Bildschirm zu verbringen.

Damit versöhnen konkrete Zielformulierungen unbewusste Motive und Emotionen unserer Irratio mit der bewussten Ratio, unserem logischen Denken. So wie ein Projektablaufplan wird Motivation damit greif-, diskutier- und anpassbar.

Dabei ist es unnötig, die großen Ziele stetig im Auge zu behalten. Dies kann sich sogar hinderlich auf die Motivation auswirken. Großziele sind oft weit entfernt und kaum (be)greifbar. Etappen- oder Wochenziele definieren jedoch das, was sich genau vor unserer Nasenspitze abspielt. Stellen Sie sich vor, Sie würden ein Ziel als Projekt betrachten und es in viele kleine Meilensteine unterteilen, die inhaltlich und zeitlich aufeinander aufbauen. Wären Sie noch motiviert, auch wenn Sie das große Ziel nicht immer präsent vor Augen haben? Vermutlich schon.

Der auf eine russische Studentin namens Seigarnik aus dem 19. Jahrhundert zurückgehende Zeigarnik-Effekt erläutert unsere Motivation im Bild einer großen Maschine: Einmal in Gang gesetzt, läuft die Uhr weiter und weiter, selbst wenn die einzelnen Zahnräder keine Ahnung vom großen Ziel der Uhr, der punktgenauen Anzeige der Uhrzeit, haben. Doch damit die Meilensteine motivierend wirken, brauchen sie eine einmalig hergestellte, deutliche Verbindung zur unbewussten Motivation.

Damit wird deutlich, dass es zwar wichtig ist, sich ein großes Ziel zu setzen und dieses langfristig im Auge zu behalten. Dass aber im Moment des Tuns das große Ziel unbewusst weiterarbeiten kann, während die Teilziele auf dem Weg dorthin bewusst angegangen werden. Denn: Kleine Ziele können als Belohnung abgehakt werden – große Ziele jedoch sind meist unüberschaubar.

Beispiel: Einarbeitung in ein neues Fachgebiet

Herr Meier muss sich innerhalb von drei Monaten neben seinem Tagesgeschäft in ein neues Aufgabengebiet einarbeiten. Eine motivierende operative Zielsetzung könnte lauten: Ich beschäftige mich jeden Tag eine Stunde lang mit dem neuen Fachgebiet. Dazu zählen sowohl die Sichtung von Dokumenten, woraus sich konkrete Fragen ergeben, als auch Klärungsgespräche mit meinem Vorgänger.

Dabei stellt sich die Frage, ob Herr Meier auch motiviert genug ist, sich in das neue Gebiet einzuarbeiten. Anders formuliert: Welche Attraktivität besitzt das neue Fachgebiet? Ist es mit Prestige verbunden? Sind daran interessante Kollegen beteiligt? Oder handelt es sich um ein Fachgebiet, das Herr Meier auch noch nach mehreren Jahren ausüben wird. Eine intensive Zeitinvestition wäre folglich enorm sinnvoll.

Zudem ist noch nicht geklärt, ob Herrn Meiers Kompetenzen für das neue Aufgabengebiet ausreichen. Eine Unterteilung in Teilziele kann das eigene Kompetenzempfinden heraufsetzen. Ob dies langfristig reicht, steht auf einer anderen Karte.

Das Bungee-Prinzip

Mitten auf dem Weg und die Motivation verloren? Das ist nicht unüblich bei langjährigen Projekten, im Frust des Arbeitsalltags oder auch in langjährigen Beziehungen. Hier kann der Warum-Fragen-Check weiterhelfen. Warum-Fragen? Dabei habe ich doch soeben noch erwähnt, dass Warum-Fragen verboten sind. Richtig! Warum-Fragen sind verboten, wenn wir sie gegen andere richten. Uns selbst können wir jedoch durchaus ein wenig piesacken.

Beispiel: Projekt Wissensmanagementportal

Das Projekt ›Etablierung eines Wissensmanagementportals‹ kommt nicht so richtig in Schwung. Und Sie haben keine Ahnung, woran es liegen könnte. Gehen Sie mit sich ins Gespräch und beantworten Sie in mehreren Durchgängen die Frage nach dem Warum:

Frage: »Warum wollten wir das Portal installieren?«

Antwort: »Um den Kommunikationsfluss und Wissensaustausch zu fördern.«

Frage: »Warum wollen wir den Wissensaustausch fördern?«

Antwort: »Weil immer wieder Fehler in der Abteilung A passieren. Abteilung B würde gern wissen, wie diese Art von Fehlern verhindert werden könnte.«

An diesem Punkt angekommen, bieten sich vor allem Wie-Fragen an, um auf weitere Ziele zu kommen, die eine zusätzliche Motivation beinhalten: Wie können wir den Austausch zwischen Abteilung A und B noch forcieren?

Die neuen Ziele lauten: Wir ernennen jeweils einen Sprecher aus Abteilung A und B. Diese treffen sich einmal im Monat, um sich über Fehler und Erfolge auszutauschen. Die Erkenntnisse der Treffen werden dokumentiert, am besten auf der Wissensplattform. Nach und nach werden auch Stellvertreter anderer Abteilungen zu den Live-Treffen eingeladen.

Nachdem viele Themen bereits diskutiert wurden, wird es nun leichter fallen, die Plattform erfolgreich zu etablieren.

Doch warum Bungee-Prinzip? Stellen Sie sich vor, Sie stehen mit einem Gummiseil an den Beinen auf einer Brücke, kurz vor dem Sprung. Hören Sie auch gerade leise eine Stimme in Ihrem Kopf, die sagt: »Warum zum ... muss ich mir das antun?«

Die Antworten darauf: Weil ich einen Kick im Leben brauche. Oder: Weil ich etwas Besonderes tun will.

Wenn Sie nun mental einen Schritt **weitergehen**, werden sich weitere Fragen aufdrängen: »Was könnte ich stattdessen Besonderes machen?« oder »Was könnte mir noch einen Kick geben?« Und wie an einem Bungee-Seil hängend schnellen Sie mit diesen Fragen wieder nach oben, bevor es erneut in die Tiefe geht.

Die Warum-Frage macht deutlich: Ohne individuelle Grundlage greift auch das smarteste Ziel ins Leere. Ziele sollten immer mit den eigenen Motiven in Verbindung stehen.

Wenn wir einen Schritt weiter in Richtung Organisation gehen, ist es ebenso unumgänglich, Organisations- und Teamziele auf das Individuum herunterzubrechen.

W-Fragen

TIPP

Spielen Sie mit den W-Fragen. Mit der Warum-Frage erkunden Sie Motivationen. Mit der Wie- oder Wenn-ich-Frage erkunden Sie die Übersetzung der Motivation in Ziele. Mit Was-noch-Fragen erweitern Sie Ihren Denk- und Handlungsspielraum.

Vom Team zum Ego und wieder zurück

Wenn sich ein Projektteam ein neues Marketingprodukt ausdenken soll, wird der Erste von der Kreativität angezogen. Nach seiner Vorstellung hat das Produkt ausgefallen zu sein. Der Zweite sieht das Zielprodukt. Ob dieses etwas Besonderes wird oder nicht, spielt keine große Rolle. Wichtig ist vielmehr, dass es sich gut verkaufen lässt. Dazwischen gibt es eine Vielzahl von Facetten weiterer Interessen. Zusammengenommen wirken all diese Interessen und Motive wie ein einzigartiges Super-hirn. Ohne den Tüftler (der gern das Endprodukt vergisst) würde das Endergebnis schnell zu einem 08/15-Produkt verkommen. Ohne seinen zielorientierten Kollegen käme es zu einem Produkt, das komplett an den Interessen der Kunden vorbeigeht.

Die Interessen hinter Zielen gehen von Prestige über Kreativität bis hin zu sozialen Aspekten. Der eine oder andere wird die intensive Arbeit in einem Projektteam seinem langweiligen Schreibtisch definitiv vor-ziehen. Unsichere Menschen werden alle Hebel in Gang setzen, an ihrem geliebten und bekannten Schreibtisch zu bleiben.

Nach dieser Lesart sind Ziele nicht das Endergebnis, sondern eine Möglichkeit, seine eigenen Interessen zu verfolgen. Erst wenn dies in Zielfindungsgesprächen berücksichtigt wird, können Ziele motivations-gestaltend wirken, da sie für die persönlichen Motive und Interessen einen klaren Rahmen abstecken, der sonst orientierungslos bliebe.

Hier begegnen wir zum ersten Mal dem oftmals falsch verstandenen Wörtchen Egoismus. Natürlich verfolgen wir mit jedem Ziel eine Ab-sicht. Und natürlich steckt hinter dieser Absicht – was sonst – eine gehörige Portion Egoismus. Muss dies gleich schlecht sein?

Wie wäre es, Ihre Mitarbeiter dazu zu bringen, die eigenen Ziele im besten Sinne des Unternehmens egoistisch zu verfolgen? Vermutlich wären sie motiviert bis in die Haarspitzen! Der sozial-orientierte Mitarbeiter könnte ganz egoistisch seinen Kommunikations-Zielen frönen, indem er die Truppe beisammenhält. Der kreativ-orientierte Mitarbeiter wäre höchst beglückt, wenn er nur vor sich hin forschen dürfte. Und der statusorientierte Kollege dürfte die Ergebnisse vor dem Entscheidungsgremium präsentieren.

Dass sich solche Rollenverteilungen mit genügend Zeit automatisch ergeben, ist eine Binsenweisheit. Doch was, wenn es schnell gehen muss? Denken Sie an ein Projektteam, das innerhalb weniger Wochen die ersten Ergebnisse präsentieren soll. Oder denken Sie an die typischen ersten hundert Tage als Führungskraft.

Und wenn Sie glauben, Sie hätten genug Zeit, Ihr Auftreten im Unternehmen langsam anzugehen, sollten Sie ein paar Minuten Kindern zuhören, wenn diese zu Schuljahresbeginn mit den Erzählungen über ihre neuen Lehrer nach Hause kommen. Ein Lehrer bekommt etwa fünf Minuten für den ersten Eindruck:

• Die eine ist immer zu Späßen aufgelegt – sehr sympathisch.
• Der andere ist saustreng und versteht keinen Spaß.
• Der Nächste ist irgendwie komisch. Der hat so einen seltsamen Akzent. Und die Schlabberklamotten ...

In der restlichen Stunde wird dieses Bild verfeinert:
• Die ist zwar witzig, aber kann auch schnell umschalten. Und dann wird es ernst.

- Der ist zwar streng, aber gerecht.
- Oder: An den Akzent kann ich mich gewöhnen. Aber ungepflegt ist er immer noch.

Der Rest des Schuljahres ist damit (beinahe) Makulatur.

Es mag dramatisch oder unfair erscheinen, innerhalb weniger Momente von anderen auf eine Rolle festgelegt zu werden. Nichtsdestotrotz liegen die Kinder damit oftmals erstaunlich richtig, wenn es um die Einschätzung sozialer Werte wie Fairness geht.

Dabei kann diese Vorstellung auch entlastend sein, wenn Sie sich vergegenwärtigen, ohne sich groß ins Zeug legen zu müssen, mit Ihrer Präsenz zu punkten. Es ist wie so oft im Leben alles eine Frage des Blickwinkels.

Auf der anderen Seite steht das Team. Hier sind Sie als Führungskraft gefragt, Rollenaufteilungen, die sich nicht von allein oder zu langsam ergeben, zu forcieren, indem Sie erkennen, welcher Mitarbeiter wie ticken könnte, und wie Sie emotional kompetent darauf eingehen sollten.

KOMPAKT **Ziele sind nur motivierend, wenn sie eine individuelle Bedeutung haben. Dabei bilden Zielformulierungen die bewusste Brücke zu unseren unbewussten Werten und Bedürfnissen. Der Satz ›Wenn ich täglich einen Artikel zum Thema XY lese, erhöhe ich die Wahrscheinlichkeit, meine Bildung voranzutreiben‹, ist daher wesentlich zielorientierter als das bloße Ziel ›Ich möchte mich weiterbilden‹. Doch bevor Sie mit Wie- und Was-noch-Fragen in Richtung Zielformulierung gehen, sollten Sie Ihren Zielen mit Warum-Fragen auf den Grund gehen.**

Bei der Umsetzung Ihrer Ziele gilt letztlich die Regel, besser in die richtige Richtung gehen, als gar nichts tun. Daher führen Stufenpläne zu einem enormen Motivationsschub.

2.4 Atmosphäre über alles

Schauen wir uns einmal an, wie zwei Mitarbeiter die Atmosphäre in ihrem Unternehmen beschreiben:

Mitarbeiter A	Mitarbeiter B
Mein Chef verwechselt mich häufig mit einem Kollegen.	Mein Chef kannte von meinem ersten Tag an meinen Namen.
An meinem ersten Arbeitstag war mein Schreibtisch noch nicht vorbereitet.	An meinem ersten Arbeitstag stand schon ein Schild mit meinem Namen auf meinem Schreibtisch.
Meine Kollegen sind durchweg in Eile.	Bei uns kann ich (beinahe) jederzeit meine Kollegen um Rat fragen.
Wenn ich zu spät komme, dauert es maximal zehn Minuten, bis mein Chef mich zur Rede stellt.	Wenn ich zu spät komme, geht jeder davon aus, dass ich einen wichtigen Grund hatte.
Wenn eine wichtige Präsentation ansteht, kontrolliert mein Chef die Ergebnisse im Halbstunden-Takt.	Wenn eine wichtige Präsentation ansteht, fragt mich mein Chef eine Stunde vorher nach den Ergebnissen.
Beruf und Familie werden bei uns strikt getrennt.	Bei zeitlichen Engpässen darf ich mein Kind mit in die Arbeit nehmen.

Atmosphären im Betrieb

Die Liste ließe sich noch endlos weiterführen. Ich denke aber, dass klar wurde, um was es geht. Manchmal sind es große Dinge, die jede Atmosphäre vergiften. Manchmal sind es aber auch Kleinigkeiten. Mitarbeiterumfragen zeigen immer wieder: Auch kleine Dinge im Arbeitsalltag entscheiden über hop oder top in puncto Atmosphäre.

Kann es langfristige Motivation im Team geben, wenn die Rahmenbedingungen nicht stimmen und die Atmosphäre vergiftet ist? Ich glaube kaum. Die direkte Einflussnahme zielt auf sofortige Veränderungen ab. Eine indirekte Einflussnahme arbeitet am Setting. Indirekte Maßnahmen wirken wesentlich sanfter, als wollten sie sagen: »Hier haben Sie Ihr Aufgabengebiet. Was Sie daraus machen, überlasse ich Ihnen!« Dahin gehend versucht die direkte Einflussnahme Umstände viel konkreter zu beeinflussen, indem sie sagt: »Machen Sie es so oder so!«

Faustregeln
In meinem früheren Leben als Teamleiter verfuhr ich im Wesentlichen nach drei Faustregeln, die sehr nahe am Prinzip indirekter Einflussnahme liegen:

1. Wenn Du in Bewerbungsverfahren die Wahl zwischen zwei Personen hast: Nimm die Motiviertere. Dabei geht es nicht um ein gutes Abschlusszeugnis, sondern um die Frage, wie motiviert eine Person in einem Praktikum oder bei vorherigen Arbeitnehmern bei der Ausführung der ihr aufgetragenen Tätigkeiten gewesen ist. Wenn hier ein Wir-Gefühl durchscheint, lassen sich daraus gute Prognosen für die Zukunft ziehen.

2. Vermittle so viel Wissen wie nötig, aber nicht mehr. Das heißt zum einen, sich die eigene Intuition bewusst zu machen, zum anderen dieses dann explizite Wissen in Form von Regeln, Kontaktdaten und Prozesswissen weiterzugeben. Die Weitergabe dieses Wissens beinhaltet nur das pure Wissen, nicht jedoch die Frage der Anwendung. Anwendungswissen kann kaum vermittelt werden, da jeder Mitarbeiter anders tickt und anders arbeitet. Hier endet folglich die Kontrolle als Führungskraft.

3. Lasse den Mitarbeitern möglichst viel Freiraum, sei aber jederzeit präsent, wenn es Fragen gibt.

Arbeiten Sie mit Faustregeln
Faustregeln reduzieren die Wirklichkeit auf das Wesentliche. Wie Gerd Gigerenzer (vgl. Gigerenzer 2007: 91 ff.) plausibel darlegt, sagen Faustegeln in komplexen Situationen die Zukunft besser voraus, als komplizierte Berechnungen, die möglichst viele Faktoren miteinbeziehen. So kann die Frage »Würden Sie uns weiterempfehlen?« komplexe Kundenbefragungen durchaus ersetzen. In den Antworten einer Vielzahl von Kunden auf diese eine Frage steckt genau die Information, die ich letztlich als Dienstleister wissen will.

Gerade im Kontext von Atmosphären ist es wichtig, sich die unbewussten Faustregeln, nach denen Führungskräfte agieren, bewusst zu machen. So kann eine Führungskraft die Erfahrung gemacht haben, dass sich nur durch Druck etwas bewegt. Die Faustregel ›Je höher der Druck, desto besser arbeiten die Mitarbeiter‹ ist aber falsch. Richtig hingegen ist die Regel ›Ohne Druck geht nichts voran, aber zu viel Druck verhindert die Kreativität der Mitarbeiter‹.

Atmosphären fördern – Unzufriedenheit verhindern

Die Vermittlung von Wissen ist ein gutes Beispiel, um den Unterschied zwischen Zufriedenheit und Motivation zu verdeutlichen. Wissen führt bei grundlegend motivierten Mitarbeitern zu Sicherheit und Zufriedenheit. Auf dieser Basis aufbauend können sie ihre Motivation entwickeln, kreativ werden und engagiert ihre Meinung äußern. Ein unmotivierter Mitarbeiter wird jedoch mit Wissen kaum engagierter werden als ohne.

Entsprechend des Kano-Modells lässt sich demgemäß zwischen Zufriedenheit und Motivation unterscheiden:

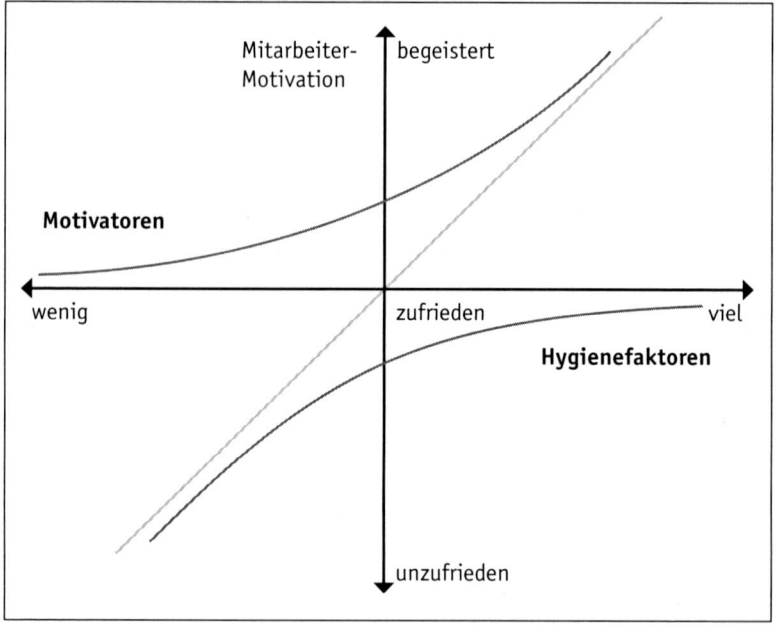

Das Kano-Modell für die Mitarbeiter-Motivation

Hier wird deutlich: Die Arbeitszufriedenheit ist unabdingbar für langfristig motivierte Mitarbeiter. Hinreichend ist sie jedoch nicht.

Der tägliche Atmosphären-Check

TIPP

Machen Sie täglich einen Fünf- bis- zehn Minuten-Check oder fragen Sie Ihre Mitarbeiter: »Was verstehen meine Mitarbeiter unter einer guten Atmosphäre?« und »Was kann ich tun, um eine angenehme Atmosphäre im Team zu fördern?«

Wenn Sie sich täglich auch nur eine Notiz zum Thema Atmosphäre machen, wirkt sich dies langfristig auf Ihre Wahrnehmung aus. Dies wirkt wesentlich nachhaltiger als groß angelegte, jährliche Verbesserungsworkshops. Zudem fällt die Umsetzung kontinuierlich gelebter und praktisch umsetzbarer Kleinigkeiten wesentlich leichter.

Die Mitarbeiterzufriedenheit fördern

Viele Faktoren, die in die Ecke der Motivatoren gedrängt werden, führen nur dazu, die Zufriedenheit zu erhalten beziehungsweise zu erhöhen:

- Ich weiß, dass ich morgen noch einen Job habe.
- Mein Gehalt wird regelmäßig überwiesen.
- Der Umgang im Unternehmen ist in der Regel respektvoll.
- Die Fluktuation hält sich in normalen Grenzen.
- Die Stimmung im Team ist gut.
- Es gibt kein Mobbing.
- Es besteht ein Wissen über die häufigsten und wichtigsten Prozessabläufe.
- Es gibt in der Regel hinreichende Arbeitsmaterialien.
- Es gibt genügend Freiraum zur Entfaltung eigener Ideen.
- Die Bezahlung ist fair.
- Die Werte des Unternehmens sind mit meinen eigenen Werten deckungsgleich.

Solche Rahmenbedingungen dienen dazu, den Boden zu bereiten, auf dem später eine Pflanze namens Motivation wachsen soll.

Da ist es gut zu wissen, dass Menschen grundsätzlich mit ihrem Leben zufrieden sind und eine positive Einstellung haben (vgl. Roth 2008: 219).

Mitarbeiterunzufriedenheit verhindern

Natürlich sind Mitarbeiter kurzfristig zu kreativen Höchstleistungen fähig, wenn die Atmosphäre vergiftet ist. Die meisten Mitarbeiter werden jedoch langfristig ihre Arbeitskraft auf das Wesentliche reduzieren, wenn sie merken: Hier stimmt etwas nicht! Hier geht es unfair zu! Wer weiß, wie lange das noch gut geht. Weiß ich, ob ich morgen noch hier bin? Warum sollte ich mich anstrengen?

Stellen Sie sich vor, Sie befänden sich in der Steinzeit und müssten auf Jagd gehen, um Ihre Familie zu ernähren. Damals lautete eine der wichtigsten Regeln: Verbrauche niemals mehr Energie, als du durch die Beute wiederbekommst.

Heute heißt es: Kräfte einteilen und abwarten. So sieht es aus in Unternehmen mit schlechter Stimmung, in Unternehmen, die gerade von einem anderen Unternehmen geschluckt werden. Oder eine Nummer kleiner: In zusammengewürfelten Projektteams, deren Mitglieder (noch) nicht wissen, wohin die Reise gehen soll, ob sie einander vertrauen und welchen persönlichen (im besten Sinne egoistischen) Gewinn sie aus dem Ganzen ziehen können. Erfahrungen aus dem Wissensmanagement zeigen: Solange es keine Belohnungen für Kollektivleistungen gibt, werden Menschen ihr Wissen zurückhalten, erst recht in Projektgruppen, in denen es das implizite Ziel individueller Bewährung gibt, wo gilt: Karriere machen Einzelpersonen und nicht das Team!

Oder Teams, die einen neuen Chef bekommen. Ist es nicht das Logischste auf der Welt, seine Kräfte einzuteilen und abzuwarten? Vorsicht ist meist besser als Nachsicht! In einer Zeit, in der neue Firmen im Durchschnitt vierzig Jahre alt werden, wird mit Wahrscheinlichkeiten und nicht mit Gewissheiten gerechnet. Genau das macht es den Mitarbeitern schwer, sich voll und ganz auf ihre Arbeit einzulassen.

Begeisterungsfaktoren und Motivatoren

Aufbauend auf den Faktoren für mehr Zufriedenheit im Unternehmen gehen wir nun über zu den persönlichen Motivatoren. Dabei spielen die persönliche Entwicklung, die eigenen Fähigkeiten und Möglichkeiten, persönliche Werte und Prioritäten eine Rolle. Bei aller Gleichheit der Menschen – wir alle suchen auf die eine oder andere Art Anerkennung und Akzeptanz – sehen die Wege dieser Suche sehr unterschiedlich aus. Für einen Kronprinzen-Mitarbeiter, der mit hoher Selbstverantwortung und viel Engagement ans Werk geht, könnte die Anerkennung in vermehrter Mitbestimmung bestehen. Ein unsicherer Mitarbeiter braucht dagegen tägliche bis stündliche Streicheleinheiten – wir nennen es Feedback, um in seiner vollen Schaffenskraft zu bleiben. Diese Art der Aufrechterhaltung der Motivation mittels Feedback ist ganz normal. Wir alle brauchen Feedback zur Einordnung unserer aktuellen Leistung. Wichtig ist, zu akzeptieren, dass manche Mitarbeiter dies mehr als andere benötigen.

Ohne eine gute Atmosphäre im Team gibt es keinen Austausch von Ideen. Eine gute Atmosphäre als Basis der Zufriedenheit der Mitarbeiter ist allerdings lediglich eine Vorbedingung für motivationale Höchstleistungen.

2.5 Ein kurzer Blick in unser Gehirn

Die Gehirnforschung wird bisweilen über den grünen Klee gelobt und ist andernorts verschrien als Disziplin, die beweist, was wir ohnehin schon wussten. Oberflächlich betrachtet ist beides richtig.

Dass sich die Erfüllung verschiedener Motive und Interessen in unserem Gehirn ablichten, ist keine bahnbrechende Neuheit. Spannend wird es, wenn wir ins Detail gehen und verschiedene Motive zueinander in Beziehung setzen.

Dabei spielen drei zentrale Motive eine Rolle in unserem Gehirn:
1. Der Antrieb, sich durchzusetzen oder mitzubestimmen (vgl. Häusel 2000: 66 ff.). Auch ohne Kenntnis der Gehirnforschung kennt jeder das gute Gefühl, etwas gewagt und gewonnen zu haben. Wenn dabei der anfängliche Widerstand und die Anspannung groß waren, ist das Kribbeln im Gehirn umso größer.
2. Die Lust auf etwas Neues und damit die Möglichkeit, das eigene Handlungsrepertoire zu erweitern und neue Fähigkeiten hinzuzulernen (vgl. Häusel 2000: 82). Der Gehirnforscher Manfred Spitzer sagt sogar, dass es kaum ein Gefühl gibt, das intensiver wirkt als das Gefühl, etwas Neues dazuzulernen, da in unserem Gehirn beim Lernen Dopamin ausgeschüttet wird (vgl. Spitzer 2011).

3. Schließlich stellt sich die Frage, wofür wir kreativ sind oder uns durchsetzen. Für den Neurobiologen Joachim Bauer (vgl. Bauer 2006: 33 ff.) hat all dies mit unserem Bindungs- und Sicherheitszentrum im Gehirn zu tun. Wir streben nicht einfach so – teils mit Macht, teils mit Unterwürfigkeit – nach Akzeptanz und Anerkennung. Wir tun dies, um Teil einer Gemeinschaft zu sein. Damit ist der Weg von der Anerkennung nicht weit zum Erlangen von Ehre oder Status und sei es innerhalb einer noch so kleinen Gemeinschaft. Diese vermittelt Sicherheit im eigenen Beziehungsgeflecht.

Auch wenn es schwerfällt, sich bei egoistisch wirkenden Zeitgenossen vorzustellen, dass Sie sich an anderen Menschen orientieren, trifft es dennoch zu. Allerdings geht die Orientierung hier in Richtung Macht- und Statusdenken mit dem Blick auf andere Führungskraftkollegen, anstatt respektvoller Beziehungspflege in Richtung Mitarbeiter.

Vor allem in extremen Kontexten, zum Beispiel in Gefängnissen, bedeutet die aggressive Abgrenzung gegen eine Gruppe gleichzeitig die Nähe zur Gegengruppierung. Denn: Niemand kann es sich leisten, dauerhaft allein zu sein. In indigenen Rechtsprechungen gibt es sogar in Extremfällen den Ausschluss aus der Gemeinschaft, was nicht selten zum Todesfall der betreffenden Person durch soziale Verarmung führt. Damit bekommen sowohl Machtdemonstrationen als auch Erfindungen stets eine soziale Funktion, die weit über das hinausgeht, was wir zuerst vermuten würden.

Dieser Dreiklang ermöglicht es uns, uns immer wieder zu aktualisieren und in der Gesellschaft zu verorten. Ein wenig Bindung und Orientierung am Team können nicht schaden, um ein persönlich oder unternehmerisch riskantes Verhalten in Grenzen zu halten. Ein wenig Energieeinsatz ist verständlicherweise hilfreich, um Ziele zu erreichen. Und die stetige Erweiterung der eigenen Kompetenzen kann ebenso nicht schaden.

Zudem können wir diese drei Grundmotive in Bezug zu oberflächlicheren Motiven wie dem Leistungsmotiv setzen. Dadurch wird deutlich, dass bindungsorientierte Mitarbeiter Leistung dazu nutzen, um von anderen akzeptiert zu werden, dominantere Mitarbeiter Leistung für Ruhm und Ehre nutzen, und stimulanzorientierte Mitarbeiter Leistung nutzen, um etwas Großes zu erschaffen. Dass dabei die drei Motive eng verzahnt sind, versteht sich von selbst:

- Erfindungen werden gemacht,
- mit den Ideen anderer abgeglichen und
- verkauft oder vermarktet.

In diesem Sinne sei noch einmal betont: Jeder Mensch trägt alle drei Motive in sich. Dennoch hat jeder Mensch unterschiedliche Ausprägungen, die erst im Vergleich zueinander zum Tragen kommen. Zur Leistungssteigerung sollten Sie vor allem wissen, warum der jeweilige Mitarbeiter wirklich Leistung zeigen will.

Auch in dem sehr praxisorientierten Team-Management-System (vgl. Tscheuschner/Wagner 2009: 17 ff.) finden wir als Basis die drei Grundmotive wieder. Dabei können wir das Grundmotiv Dominanz den Rollen Controlleur, Promotor oder Organisator zuordnen. Stimulanzorientierte

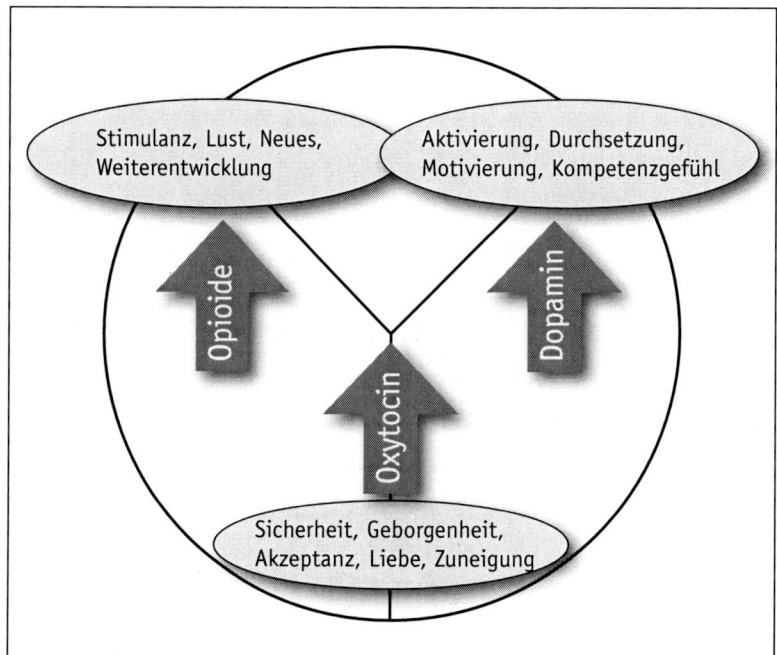

Die Motiv-Landkarte in unserem Gehirn

Mitarbeiter sind gute Innovatoren und kreative Tüftler. Und nachdenkliche Mitarbeiter sind gute Berater, Stabilisatoren und gewissenhafte Entwickler.

Unser Dominanz-System

Auf ins tägliche Gefecht!

Wenn wir das Gefühl haben, auf dem richtigen Weg zu sein, wird im Gehirn Dopamin ausgeschüttet. Dies aktiviert uns. Wir fühlen uns kompetent und streben auf ein Ziel zu (vgl. Bauer 2006: 29). Evolutionär spielte schon immer der Faktor Durchsetzung eine wichtige Rolle. Nur wer sich durchsetzte, konnte seine Gene weitergeben.

Verschiedene Facetten der Durchsetzung können sein:

- die Verteidigung gegen Widerstände,
- die Erweiterung des eigenen Territoriums oder
- die Verteidigung der eigenen Ideen gegen Feinde und damit die Durchsetzung gegen einen Konkurrenten.

Durch das Dominanz-System im Kopf jedes Menschen werden, ähnlich wie beim Stimulanz-System, Impulse für den Fortschritt gesetzt, Akzente, um sich von anderen abzuheben. Dies gelingt meist nur durch beachtliche Leistungen. Daher gilt das Dominanz-System als Auslöser für sämtliche Entwicklungen, die es ohne diesen Wettbewerb im Kopf der Menschen nicht geben würde.

TIPP

Zum Umgang mit machtorientierten Mitarbeitern
Geben Sie selbstsicheren Mitarbeitern einen eigenen Verantwortungsbereich. Warum? Souveräne Mitarbeiter setzen Ideen auch gegen Widerstände um und machen sich weniger Gedanken um die Harmonie im Team. Zudem sind sie in der Regel auf eine positive Weise leistungsorientiert, das heißt, sie wollen Leistung bringen, um vor anderen zu glänzen. Und Konkurrenz führt nun mal dazu, sich Feinde zu machen. Achten Sie dennoch darauf, dass ein respektvoller Umgang im Team herrscht.

Dabei stellt sich die Frage, ab wann es nötig ist, einen stark konkurrenzorientierten, übermotivierten Mitarbeiter zur Zurückhaltung zu erziehen. Damit möchte ich Sie allerdings noch ein wenig vertrösten, bis wir zum Kapitel *In der Ruhe liegt die Kraft*, Seite 109, kommen.

Unser Stimulanz-System

Die Segel gehisst und los geht die Fahrt!

Das Stimulanz-System lässt den Menschen nach Neuem suchen: seien es fremde Speisen, Urlaubsreisen oder ungewohnte Unternehmungen. Der Mensch versucht, Unbekanntes zu entdecken und sich damit von der Masse abzuheben. Während das Dominanz-System unser Motor ist, werden hier die Weichen für kreative Entdeckungen gestellt.

Merkmale unseres Spannungs- und Stimulanzsystems sind:
* Weiterentwicklung,
* Neugier,
* Entdeckungen,
* Kreativität sowie
* ein schnelles Umdenken in Krisen.

Die damit korrelierten Botenstoffe Opioide und Endorphine unterstützen diesen Prozess, indem sie die Schmerzregulierung und Luststeigerung im Gehirn steuern (vgl. Bauer 2006: 30 f.).

Der Begriff Lust erscheint im Arbeitskontext hochtrabend. Ein kurzes Gedankenspiel soll den Zusammenhang jedoch verdeutlichen: Was macht Ihnen am meisten Spaß? Was empfinden Sie bei erhellenden Aha-Effekten? Wann spüren Sie den größten Kick im Gehirn?

Vor allem in Situationen, in denen Sie dachten, es geht nicht mehr weiter, und dann, oh Wunder, ging es doch, genau da macht es am meisten Klick im Gehirn. Sie haben einen neuen Weg, eine neue Lösung gefunden. Vermutlich mussten Sie sich auf dem Weg dorthin ein wenig quälen. Und warum auch nicht. Vielleicht kommt Qualität tatsächlich von quälen. So muss sich Columbus gefühlt haben, als er Amerika entdeckte.

Erlebt eine Person auf diese Art etwas Neues, Unerwartetes oder Außergewöhnliches, schüttet der Körper Endorphine aus, die Person fühlt sich daraufhin euphorisch wie in einem leichten Drogenrausch (der Begriff Endorphine enthält nicht zufällig denselben Wortbaustein wie Morphium beziehungsweise Morphin) und verbucht das Ganze logischerweise als belohnende Erfahrung. Dieses Gefühl des Stolzes und der Selbstachtung verankert sich tief im Gehirn und schürt die Sehnsucht nach mehr desselben!

TIPP

Zum Umgang mit stimulanzorientierten Mitarbeitern
Geben Sie kreativen Kollegen innerhalb eines klaren inhaltlichen und zeitlichen Rahmens die Möglichkeit, selbst sowohl aktiv und eigenverantwortlich zu arbeiten, als auch im Falle eines Problems nachzufragen und sich Feedback zu holen.
Ein wenig Zeitmanagement, um fokussierter bei der Sache zu bleiben, kann ebenso nicht schaden.

Unser Ausgleichs-System

Zuguterletzt gibt es als sicheren Hafen ein Ausgleichs- und Balance-System in unserem Gehirn. Niemand will sich tagein tagaus nur durchsetzen oder innovativ betätigen. Wir brauchen zusätzlich den Kontakt zu anderen, der uns zeigt, ob wir auf dem richtigen Weg sind.

Merkmale dieses Systems in unserem Gehirn sind:

- Austausch mit anderen,
- die persönliche, langfristige Sicherheit,
- der Erhalt eines Teams beziehungsweise die Ausbildung nutzbringender Kooperationen.

Das Balance-System, hat laut dem Gehirnforscher Joachim Bauer (vgl. Bauer 2006: 36) den größten Einfluss auf das menschliche Handeln. Unser Dominanz-System ist der Motor unserer Entwicklung. Unser Stimulanz-System bringt uns dazu, immer wieder nach neuen Lösungen zu suchen. Unser Ausgleichs-System jedoch kann als Ziel all dessen beschrieben werden. Für wen, wenn nicht für andere entwickeln wir neue Ideen. Und wenn wir uns durchsetzen, tun wir dies mit einem Seitenblick auf den Applaus unserer soziokulturellen Gruppe.

Das Ausgleichs-System strebt nach Harmonie, Ausgeglichenheit und Sicherheit. Vor allem weibliche Führungskräfte in meinen Seminaren können spontan etwas damit anfangen, wenn sie nach inneren Harmonie-Bären gefragt werden. Kleine Gestalten, die davor zurückschrecken, anderen auf die Füße zu treten. Dann flüstert der Bär in uns mal leise und mal laut: »Tu's nicht. Halt einfach deinen Mund!«

Dabei versucht das Balance-System möglichst energiearm auszukommen und auf Entscheidungen zurückzugreifen, die sich schon einmal als Volltreffer herausstellten. Der Mensch empfindet die gefühlte Sicherheit als Geborgenheit und versucht jegliche Gefahr zu vermeiden, die Angst in ihm auslösen könnte.

Der Botenstoff, der im Zusammenhang mit dem Balance-System ausge-schüttet wird, lautet Oxytozin. Oxytozin sorgt dafür, Ziele in Richtung Bindung scharfzumachen (vgl. Bauer 2006: 44 ff.). Es muss dabei nicht gleich um Liebe gehen. Der Durst nach Anerkennung ist schließlich in allen groß. Dabei führt der Botenstoff Oxytozin dazu, uns aneinander zu binden. Dies passiert in so unterschiedlichen Situationen wie bei Sex, stillenden Müttern, wenn wir gemeinsam singen oder im Team ein gemeinsamer Erfolg gefeiert wird. Stellen Sie sich ein Projekt-Team vor, das gemeinsam eine Krise meistert. Die Teammitglieder wissen, sie kön-nen sich aufeinander verlassen. Es gibt kein gegenseitiges Ausspielen und kein gegenseitiges Übervorteilen. Das schweißt zusammen.

Gemeinsame Aktivitäten, gemeinsam durchgestandene Krisen, gelöste Konflikte und gemeinsame Erfolge führen zu einer starken Ausschüttung von Oxytozin. Erst jetzt können die Informationen Klarheit, Gelassen-heit und Vertrauen fließen. Erst auf der Basis dieser Beziehungsarbeit werden sie glaubwürdig.

Der Motor hinter dem Verhalten skeptischer Kollegen ist weniger Ap-plaus und Ehre, sondern die Vermeidung von Fehlern und Sanktionen. Damit wird deutlich, wie komplex Motive zu betrachten sind: Hinter der Leistung als einer Art Oberflächenmotiv können die unterschiedlichsten Grundmotive stehen, zum Beispiel Status, Sicherheit und Beziehungen oder Kreativität.

Ausgleichsorientierte Mitarbeiter können sich aufgrund ihrer Anpas-sungsbereitschaft und Harmoniebedürftigkeit leicht in andere hinein-versetzen. Sie füllen daher die Rolle des nachfragenden Bedenkenträgers wunderbar aus. Solche nervösen Kollegen können bisweilen extrem anstrengend sein. Werden jedoch deren Bedenken stets an die Wand ge-drückt, wird langfristig diese wichtige Erkenntnisquelle versiegen, da sich nachdenkliche Mitarbeiter ohnehin mit öffentlichen Äußerungen schwertun.

Im Team sollten unsichere Kollegen lernen, in abgegrenzten Bereichen entsprechend eines Job-Enrichments oder -Enlargements langfristig mehr Verantwortung zu übernehmen. Damit dies gelingt, braucht es viel, viel Anleitung und klare Orientierungen, zum Beispiel im Rahmen von verschriftlichten Prozessabläufen.

Zum Umgang mit unsicheren Mitarbeitern

TIPP

Geben Sie klare Anweisungen und Anleitungen. Seien Sie präsent und ansprechbar. Bringen Sie Geduld mit. Aufgrund der Unsicherheit spielt für diese Mitarbeiter Ihr Vorbild an Souveränität und Gelassenheit als Fels in der Brandung eine große Rolle.

Vermutlich fragen Sie sich nun: Wie erkenne ich denn, wie meine Mit-arbeiter ticken? Dazu bietet es sich an, die Reaktionen der verschie-denen Typen auf eine Anforderung zu vergleichen. Stellen sie sich vor, Sie würden Ihren Mitarbeiter fragen, ob er eine sehr komplexe Aufgabe übernehmen kann:

- Ein selbstsicherer Mitarbeiter wird sich darüber freuen, dass Sie ihm diese Aufgabe anvertrauen. Entsprechend agil und offen wird seine Körperhaltung sein. Er sieht die Aufgabe als Chance und wird sich, wenn möglich, gleich an die Arbeit machen.

- Ein unsicherer Mitarbeiter wird zunächst skeptisch sein. Ist er der Aufgabe gewachsen? Wird er Sie enttäuschen? So oder so ähnliche Fragen könnten in seinem Kopf herumspuken. Da viele unsichere Menschen jedoch nicht gern mit ihren Bedenken hausieren gehen, kann es auch sein, dass sie ein aggressives Abwehrverhalten an den Tag legen.
- Nun wird es komplizierter. Denn Stimulanz-Menschen können einerseits begeistert sein, wenn ihre Kreativität gefragt ist. Andererseits können sie auch aggressiv werden, wenn sie befürchten, von ihren anderen kreativen Aufgaben abgezogen zu werden. Die Begeisterung ist im Vergleich zu den Selbstsicheren allerdings noch agiler, bisweilen sogar fahrig von den Körperbewegungen. Die Aggressionen hingegen können humorvoller sein, zum Beispiel ironische Übertreibungen.

KOMPAKT Im Prinzip ging es in den beiden letzten Kapiteln nur um eines: Stellen Sie Ihren inneren Kompass auf die drei verschiedenen Menschentypen ein. Es sollte Ihnen aber klar sein, dass Menschen viel zu komplex sind, um in ein solches Schema zu passen. Dennoch leistet es als Groborientierung für die Motivationsgestaltung gute Dienste.

2.6 Altruismus ist sexy

Die Geschenke- und die Warenwelt

Wie kann ich die Motivation von Mitarbeitern nachhaltig gestalten, ohne auf einen großen Geldtopf zurückzugreifen? Wie schaffe ich es, dass meine Mitarbeiter sich auch ohne Boni gegenseitig unterstützen?

Wie schaffe ich es, dass Mitarbeiter Aufgaben übernehmen, die nicht in Ihrem Dienstvertrag stehen?

Wenn ich kein Geld, keine Ressourcen und keine Möglichkeit der Beförderung als Lockmittel habe, so bleibt doch der Appell an das Prestige, das sich Mitarbeiter durch gegenseitige Hilfestellungen und die Weitergabe von Informationen erarbeiten.

Ohnehin besteht nur ein Teil unseres täglichen Miteinanders aus dem Austausch von Geschenken, das heißt Tätigkeiten, Dienstleistungen oder eben Informationen, die freiwillig erbracht und nicht bezahlt werden. Darunter zählt der Austausch von Wissen oder die Erbringung kleinerer und größerer Gefälligkeiten. Der andere Teil besteht aus dem Austausch von Waren beziehungsweise Tätigkeiten und Dienstleistungen, für die bezahlt wird.

Die Ausgeglichenheit dieses Verhältnisses erscheint Ihnen im ersten Moment unrealistisch? Wenn wir uns vergegenwärtigen, was im Berufsleben alles getauscht und geschenkt wird, wird die Sache deutlicher:

- Ein Kollege benötigt dringend eine Adresse. Obwohl Sie dazu nicht verpflichtet sind, helfen Sie ihm, diese aus Ihren Unterlagen herauszusuchen.
- Eine Kollegin kommt mit einem Kunden nicht weiter. Sie unterhalten sich mir ihr in der Mittagspause darüber und geben ihr damit wichtige Hinweise zu ihrem weiteren Vorgehen.

- Eine Kollegin hat private Probleme, die sich auf ihre Arbeitsleistung niederschlagen. Sie nehmen sich als Führungskraft eine halbe Stunde Zeit, um ein offenes Ohr für sie zu haben, obwohl Ihre Zeit ohnehin knapp bemessen ist.
- Der Kollege an Ihrem Schreibtisch gegenüber findet seinen Locher nicht. Sie leihen ihm Ihren aus.
- Sie hatten eine Auseinandersetzung mit einem neuen Vorgesetzten. Offensichtlich reagiert er schnell extrem gereizt, wenn jemand unpünktlich kommt. Mit diesem Wissen warnen Sie Ihre Kollegen.

Das ist doch vollkommen normal, werden Sie jetzt vermutlich sagen. Richtig! Unser Arbeitsalltag ist voll davon und gliche ohne diesen Austausch einem Saal voller seelenloser Roboter. Und dennoch: Sie werden für all diese Dienste nicht bezahlt. Sie könnten ihre Arbeit nach Schema F ableisten, wie dies autismusverdächtige Menschen tun. Glücklicherweise arbeiten die meisten Menschen genau so nicht. Die Menschheit ist also doch noch nicht verloren!

Aber warum ist das so? Kennen Sie das Kribbeln, anderen zu helfen? Sie helfen anderen nicht, weil Sie bezahlt werden, sondern weil Sie sich frei dafür entscheiden. Doch offensichtlich gibt es hier – gemäß dem Kribbeln – noch eine andere ›Bezahlung‹. Lassen Sie uns dazu das Mysterium der Geschenke noch genauer, sprich wissenschaftlicher beleuchten.

Dass Geber langfristig die Nase vorn haben, haben wir bereits in Kapitel 1 *Warum Geben sich langfristig auszahlt* gesehen. Schauen wir uns nun an, warum Geben, Helfen und Schenken so viel Spaß macht.

Geschenke funktionieren nach dem Prinzip des egoistischen Altruismus: Ich leiste etwas, das ich sehr gut kann. Ich kann es mir zeitlich oder finanziell leisten, dieses Mehr an Arbeit für andere zu erbringen und baue mir so ein Netzwerk der Gegenseitigkeit auf. Dabei rechne ich nicht sofort mit einer Rückzahlung. Stellen Sie sich vor, Sie würden einem Freund beim Umzug helfen. Es wäre seltsam, dafür bezahlt zu werden. Sie erwarten am Abend lediglich eine Kollektiv-Pizza und ein Dankeschön. Langfristig jedoch rechnen Sie bewusst oder unbewusst mit einer Wiedergutmachung, wenn Sie selbst Hilfe brauchen. Dieser Austausch von Tätigkeiten mit einer zeitlich verschobenen Zurückzahlung schweißt unsere Welt stärker zusammen, als es die anonyme Marktwirtschaft jemals könnte.

Darüber hinaus verpflichten Geschenke uns im Sinne eines sozialen Netzwerks über Familie, Bekannte und Freunde hinaus, während der Markt uns mit einer Masse an Geld sowie täglichen Ge- und Verbrauchsgegenständen versorgt. Der Vorteil des Marktes: Ich kann jederzeit ohne den Zwang einer Wiedergutmachung bekommen, was mir beliebt, wenn ich genug Geld dazu habe.

Wenn wir außer Acht lassen, dass der Zugang zu Waren nicht für jeden gleich besteht und Qualität und Haltbarkeit von Gütern mittlerweile unüberschaubar geworden sind, war zumindest die Idee des Austauschs von Waren gegen Geld eine faire Sache: Alle bezahlen gleich viel. In der besten aller Welten zumindest würden alle für die gleiche Dienstleistung den gleichen Lohn bekommen, unabhängig von persönlichen Faktoren.

Doch dieser Vorteil greift nur bei festen Waren und unpersönlichen Dienstleistungen. Für viele andere Gelegenheiten, zum Beispiel im Wissensbereich, erscheint der Warenbegriff wenig praktikabel. Stellen Sie sich vor, das Wissen um bestimmte Messgrößen wäre exklusiv. Sie würden dieses Wissen nicht einmal käuflich erwerben können, da die berechtigte Gefahr bestünde, dieses Wissen weiterzugeben. Sie müssten, wenn Sie als Architekt etwas ausmessen möchten, jemanden beauftragen, dies für Sie zu erledigen. Zudem müssten Sie dieser Person vertrauen, dass sie in Ihrem Sinne korrekte Messungen vornimmt.

Wenn das Wissen über Maßeinheiten jedoch frei verfügbar ist, werden Massen von Menschen diese Informationen testen und gegebenenfalls modifizieren. Ein Vertrauen ist nun nicht mehr nötig, da sich das Wissen stetig weiterentwickelt (vgl. Norretranders 2006: 191 ff.).

Beispiel: Open-Source-Plattformen

Ein gutes Beispiel sind Open-Source-Plattformen. Hier arbeiten Programmierer an Open Office oder Linux. Umsonst? Nein! Statt Geld bekommen sie Anerkennung und Prestige in der Welt des Wissens. So wie Sie als Führungskraft Ihr Prestige erhöhen, wenn Sie einem Mitarbeiter eine halbe Stunde Ihrer Zeit opfern oder einer Kollegin mit Ihrer Expertise aus der Bredouille helfen. Hier greift das sogenannte Handicap-Prinzip:

Wenn Sie die Energiereserven haben, mehr zu tun, als von Ihnen verlangt wird, handeln Sie zwar unvernünftig. Doch dieses Mehr an Energie erhöht Ihr Ansehen bei anderen. Sie leisten sich damit ein Handicap.

Das Handicap-Prinzip kommt ursprünglich aus dem Tierreich. Es gibt Gazellen, die im Angesicht eines Löwen ein Tänzchen aufführen. Die Nachricht ist deutlich: »Wenn du mich fangen willst, musst du dich anstrengen!« Und wenn ein Pfau trotz seines große Fressfeinde anlockenden Gefieders überlebt, gilt dies als Nachricht an die Damenwelt: »Nimm mich! Ich habe super Gene!« (vgl. Norretranders 2006: 103 ff).

Auch in unserer Welt gibt es eine Menge Beispiele für die Richtigkeit dieses Funktionsmechanismus:

- Jugendliche, die ohne Helm verrückte und risikoreiche Stunts mit dem Skateboard absolvieren, werden von allen bewundert.
- Kollegen, die anderen über ein Normalmaß hinaus helfen, können im Fall der Fälle ebenso mit Hilfe rechnen. Gleichzeitig arbeiten Sie an Ihrem persönlichen Netzwerk, das Ihnen vor und nach einem Karrieresprung wertvolle Dienste leisten wird.
- Kollegen, die sich mit einer extremen Meinung aus dem Fenster lehnen, beweisen damit Courage und können es sich leisten, danebenzuliegen, oder glauben es zumindest.
- Kabarettisten und Comedians tragen dick auf. Hier gehört es sogar zum guten Ton, sich Feinde zu machen. Mit einem Blick in Ihr Unternehmen werden sie ebenso den einen oder anderen Spaßvogel finden, dessen Witze mal lustig und mal weniger lustig sind.
- Zur Zeit des Hurrikans Katrina in New Orleans gab es mehrere Hollywoodgrößen, die per Boot andere Menschen retteten – die Kamera immer im Handgepäck. Hier gilt: Tue Gutes und film' dich dabei!

- Eltern, die ihren Kindern Reitstunden, Klavierunterricht und die wöchentliche Schachstunde gönnen, können damit in ihrem Umfeld prahlen. Die Aussage »Wir tun das für unsere Kinder«, scheint mir nur die halbe Wahrheit zu sein.

Damit dieses Prestige greift, dürfen die Mitarbeiter nicht anonym bleiben. Der Austausch von Geschenken, Wissen oder Hilfestellungen, muss in der Öffentlichkeit stattfinden. Ansonsten gibt es keine Lorbeeren.

Der Prestige-Check

Unabhängig von der Grundstruktur besitzt jeder Mensch die Tendenz, gut vor anderen dastehen zu wollen. Beziehen Sie bei der Frage der Motivationsgestaltung dieses Prestige mit ein und fragen Sie sich oder Ihren Mitarbeiter: Was könnte er im Sinne eines Handicaps opfern? Und wie könnte er sich damit vor anderen besser präsentieren, nicht obwohl, sondern weil er etwas opfert?

Die Qualität von Geschenken

Wie schaut es mit der Qualität dieser Geschenke aus? Kann ich nicht professionell, das heißt von bezahlten Entwicklern erstellten Programmen mehr vertrauen als den Erzeugnissen von Hobby-Programmierern? Wer ist wohl motivierter?

Stellen Sie sich vor, Sie würden acht Stunden am Tag ein Programm entwickeln. Ihren Lohn bekommen Sie so oder so. Ab und an kommt Ihr Chef vorbei und macht ein wenig Druck. Aber Lohnkürzungen bei Trägheit? Wohl kaum! Entweder Sie sind von sich aus motiviert oder eben nicht.

Stellen Sie sich alternativ vor, Sie würden sich nach Feierabend aus Spaß an den Computer setzen und versuchen ein Programmierproblem zu lösen. Was wäre, wenn Ihnen das gelänge? Als Erster? Geld gibt es keines. Aber Ehre und Ruhm in der Community. Welches Szenario würde Sie selbst mehr motivieren?

Wenn wir uns die Realität ansehen, können Open-Source-Produkte so schlecht nicht sein. Immerhin werden sie von einer Vielzahl von Menschen genutzt und weiterentwickelt. Ein Blick auf meine Festplatte förderte folgende Beispiele zutage:

- OpenOffice, mit dem dieses Buch entstanden ist,
- Adobe PDF-Reader,
- Avira™ Free Antivirus,
- die Browser Opera, Firefox oder Google Chrome,
- das Mail-Programm Thunderbird,
- das Mindmap-Programm XMind,
- das Grafikprogramm Inkscape,
- der VLC Media Player
- oder der Music Player Winamp.

Nicht zu vergessen Wikipedia und Konsorten. Alles Programme oder Webseiten, mit denen ich (und nicht nur ich) sehr zufrieden bin. Sicherlich muss diese Maschinerie auch per Spenden in Gang gehalten werden. Doch der Hauptantrieb der Entwickler und Betreiber dieser Programme und Seiten ist mit Sicherheit nicht Geld. Der Hauptantrieb besteht aus purer intrinsischer Motivation.

Viele dieser Programme sind liebevollst ausgearbeitet. Von Sollbruchstellen kann hier keine Rede sein. Warum auch? Zudem wurden sie nicht erstellt, um verkauft zu werden, sondern um subjektiv erfahrene Probleme zu lösen.

Dabei wäre es doch viel logischer, in der realen Welt an seinem Prestige-Netzwerk zu arbeiten, anstatt in einer Nach-Feierabend-Parallelwelt. Die Antwort darauf ist so einfach wie erschreckend: Die kreativen Potenziale dieser Menschen werden offensichtlich in der Arbeit nur unzureichend abgerufen.

Auf Firmen übertragen, zum Beispiel im Bereich Motivation zur Wissensweitergabe, lassen sich der Einfachheit halber zwei Typen von Mitarbeitern unterschieden: Mitarbeiter, die ihr Wissen exklusiv dazu nutzen, die eigene Karriere voranzutreiben und Mitarbeiter, die ihr Wissen teilen. Der egoistische Mitarbeiter wird vielleicht früher Karriere machen.

Doch werden ihn seine Kollegen dabei wohlwollend unterstützen?

Der altruistische Mitarbeiter jedoch öffnet mit seinem Verhalten die Pforten für einen Wissensaustausch, wodurch langfristig bestenfalls alle über alles Wissen verfügen werden. Damit wird der egoistische für einen gemeinschaftlichen Vorteil geopfert. Zudem wird im Falle einer Beförderung kaum jemand an seinem Stuhl sägen.

Und mehr noch: Ich allein würde mit meinem isolierten Wissen kurzfristig Karriere machen. Langfristig ist es sinnvoll, Wissen zu teilen, um an weiteres Wissen zu kommen, die Qualität und Stabilität der Wissensbasis zu erhöhen, indem andere Mitarbeiter das Wissen erweitern, in andere Zusammenhänge bringen, evaluieren, um damit das Unternehmen langfristig zu stabilisieren und so zur Erhaltung des eigenen Arbeitsplatzes beizutragen.

Wenn das nicht zutiefst egoistisch ist?

Unterstützung ist sexy

Der Austausch von Informationen ist essenziell, um Unternehmen am Leben zu halten. Das klingt zwar logisch, aber nicht unbedingt sexy! Es muss laut der Überschrift dieses Kapitels noch etwas anderes geben. Damit sind wir bei dem Thema Altruismus als Überschussaktion angekommen: Wenn ich es mir leisten kann, die Zeit aufzubringen und intelligent genug bin, anderen mit meinem Wissen bei deren Problemen zu helfen, zeugt dies von einem Energieüberschuss und wirkt damit als Signal für große Potenziale und langfristig als Visitenkarte und Empfehlung für Höheres. Auf einer subjektiven Ebene empfehlen sich Menschen auf diese Weise anderen Menschen, um bewundert zu werden. Doch wie sieht es in der Unternehmenswelt aus?

Börsennotierte Unternehmen müssen aufgrund ihrer Quartalsabrechnungen schnell bei ihren Stakeholdern punkten. Dies fördert risikoreiche Aktionen. Wollen sie jedoch langfristig überleben oder gehen mit anderen Unternehmen Kooperationen ein, zählt ein langer Atem und ein Sich-aufeinander-Einlassen. Hier geht es darum, Vertrauen zu gewinnen, um schwierige Zeiten zu überstehen. Und Vertrauen gewinnt man vor allem mit gegenseitigen Hilfestellungen.

Vielleicht ist es ein wenig weit hergeholt: Aber, wenn von einem älteren Ehepaar einer dem anderen hilft, steigt damit die Überlebensdauer des Helfers um 50 Prozent. Der andere stirbt dagegen 12 Prozent früher (vgl. Spitzer 2006).

Die Kontexte von Unternehmen sind freilich, selbst auf der Mikroebene, komplexer als in Zweier-Beziehungen. Und dennoch: Wenn Helfen auf persönlicher Ebene das Leben verlängert, besteht zumindest die Chance, dass solche Zusammenhänge in irgendeiner Weise auch für Unternehmen gelten.

Altruismus – in unserem Fall, anderen Informationen zu schenken – ist folglich extrem sinnvoll. Ergo sollte es das Natürlichste auf der Welt sein, Informationen freigiebig zu teilen und anderen damit weiterzuhelfen.

Tatsächlich führt insbesondere Konkurrenz von außen zu einem sogenannten egoistischen Altruismus: Gegenüber anderen Firmen wird aggressiv vorgegangen, während sich die Kollegen intern unter die Arme greifen (vgl. Norretranders 2006: 78).

Nebenbei zeigt sich: Wer es schafft, innerhalb einer Horde von Egoisten als Altruist einen guten Stand zu haben, verfügt über eine Menge Kraftreserven. Diese Erhöhung seines Prestiges und Durchhaltevermögens lässt ihn enorm sexy erscheinen, oder wie Tor Norretranders sagt: Leistung bringt Liebe (vgl. Norretranders 2006: 153 ff.).

Wir sehen: Sex ist zwar nicht alles, aber immer wieder für Überraschungen gut!

Wenn Mitarbeiter es sich leisten können, ist Geben eine Möglichkeit seinen Einfluss auszudehnen und an seinem Netzwerk zu arbeiten. Die Win-win-Situation liegt auf der Hand: Der Mitarbeiter bekommt zwar keine kurzfristigen Boni, arbeitet jedoch langfristig an seiner Karriere, in dem er paradoxerweise sein Wissen teilt. Je mehr Mitarbeiter dies tun, desto weniger Egoisten wird es in Ihrer Abteilung geben. Und eine Abteilung mit mehr Altruisten als Egoisten wird letztlich erfolgreicher sein, als eine Abteilung, in der Missgunst und Neid vorherrschen. Informationen fließen schneller. Das Vertrauen ist größer. Und die gegenseitige Verantwortung ebenso. Und vielleicht, wer weiß, fließen dann doch noch ein paar Boni. Aber Vorsicht! Wenn Sie diese als weitere Verstärker einsetzen, kann dies das ganze Prestige zunichtemachen. Denn dann wird wieder für Geld gearbeitet und nicht für Ruhm und Ehre.

2.7 Motivationsgestaltung als Führungs- aufgabe!?

Ist es wirklich die Aufgabe einer Führungskraft, ihre Mitarbeiter zu motivieren?

Nachdem wir schon einiges an Möglichkeiten der Motivationsförderung – von individuellen Zielen über systemisches Denken und Faustregeln, dem Atmosphären-Check bis zur Altruismus-Frage – an der Hand haben, erlaube ich mir, an dieser Stelle einige Fragen aufzuwerfen, die das Thema Führung und Motivation kritisch beleuchten.

Um mit einem weitverbreiteten Vorurteil aufzuräumen: Führung ist nicht gleich Motivation. Führung ist mehr als das. Während Manager verstärkt Abläufe handhaben und Finanzen, Strukturen, Werkzeuge, Material, Ressourcen, Standorte oder Maschinen, sollten sich Führungskräfte um die Menschen kümmern, darum, wie sich Maschinen kontrollieren, Ressourcen oder Standorte auf die Mitarbeiter auswirken. Dies führt schnell dazu, als Personalverantwortlicher nur noch das Thema Motivation und allenfalls noch das Thema Konfliktmanagement auf der eigenen Agenda zu sehen.

Eine Auflistung von Führungsaufgaben bringt hier Licht ins Dunkel. Um die Aufgaben einer Führungskraft, im Sinne der Menschenführung, zu ergründen, gibt es drei zentrale Fragen:

- Was erwarten Ihre eigenen Vorgesetzten von Ihnen?
- Was erwarten Ihre Mitarbeiter von Ihnen?
- Welche Anforderungen stellen Sie an sich selbst?

Der besseren Übersicht wegen sollten Sie diese Aufgaben und Erwartungen in ein Schema mit den Kategorien realistisch und wichtig einordnen. Nachdem ich diese Fragen einer Vielzahl von Führungskräften in Seminaren stellte, kristallisierten sich folgende vier Kategorien heraus:

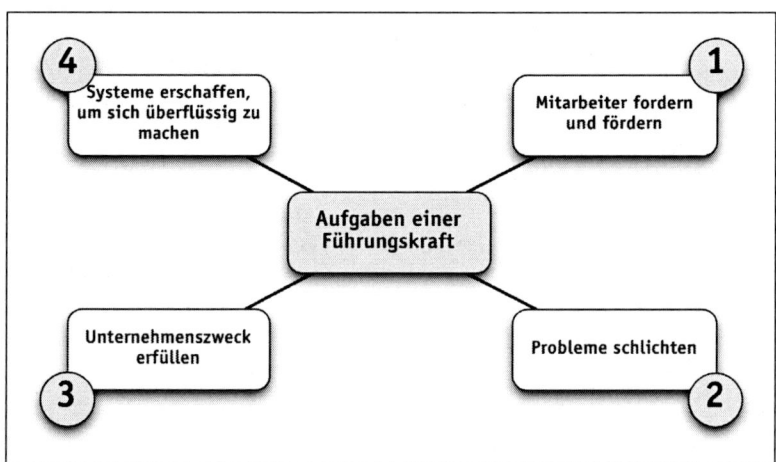

Aufgaben von Führungskräften

Hierbei wird die Vermittlerrolle von Führungskräften zwischen Unternehmen und Mitarbeitern deutlich. Sie sollten Visionen und Ziele des Unternehmens so vermitteln, dass Mitarbeiter im Idealfall von allein motiviert sind, Bestleistungen zu geben.

Oft zitiert ist der Spruch von de Saint-Exupéry, vielfach unerreicht: »Wenn du ein Schiff bauen willst, dann trommle nicht Männer zusammen um Holz zu beschaffen, Aufgaben zu vergeben und die Arbeit einzuteilen, sondern lehre die Männer die Sehnsucht nach dem weiten, endlosen Meer.«

Der Zweck von Führung besteht darin, Menschen zu Leistungen zu bringen, die sie allein nicht schaffen würden. Eine Mannschaft erreicht mit einem guten Trainer mehr als auf sich allein gestellt. Vor diesem Hintergrund erscheinen Hierarchien – wenn auch in einem weniger dominanten Gewand – nicht mehr so antiquiert als sie heutzutage dargestellt werden (siehe auch auf Seite 85ff. den Abschnitt *Sinn und Unsinn von Hierarchien*).

Beispiel: Teamentscheidungen

Sie müssen mit Ihrem Projektteam eine gemeinsame Entscheidung treffen, und zwar möglichst schnell. Soll der neue Mixer nun meeresblau, moosgrün oder doch lieber schwarz-rot werden?

Szenario 1: *Jeder verteidigt seinen Beitrag und sieht kaum ein, dass andere Meinungen mindestens genau so erfolgreich sein könnten. Schließlich weiß niemand zu 100 Prozent, was in der Zukunft passieren wird.*

Szenario 2: *Niemand mag die Verantwortung für die Entscheidung übernehmen. Gerd Gigerenzer spricht in seinem neuen Buch von der Tendenz zu defensiven Entscheidungen (vgl. Gigerenzer 2013: 51ff.): Wenn wir beim Alten bleiben, kann uns im Falle eines Flops weniger vorgeworfen werden, als mit einer komplett neuen, noch unbekannten Strategie.*

Die Lösung: *Jeder priorisiert für sich die drei Farben. Dadurch wird deutlich, dass Kollege A am liebsten Meeresblau hätte, mit Moosgrün einigermaßen zufrieden ist, aber Schwarz-rot auf keinen Fall will. Kollege B geht es ähnlich, nur dass Meeresblau und Moosgrün vertauscht sind. Während Kollege C mit Schwarz-rot alleine dasteht, sich aber am ehesten noch auf Meeresblau einigen könnte. Damit geht der Konsens eindeutig in Richtung Meeresblau.*

Führungsrollen

In dem Kapitel 2.5 *Ein kurzer Blick in unser Gehirn*, Seite 52ff., konnten Sie bereits einiges über die Motive und Rollen Ihrer Mitarbeiter lernen. Natürlich gilt dies in Teilen ebenso für Sie selbst. Auch Sie spielen ab und an den Kontrolleur oder Organisator, müssen in anderen Situationen Prozesse in Gang bringen und in wieder anderen zu einer Stabilisierung der Stimmung beitragen.

Das systemische Denken gibt uns die Möglichkeit, unsere Persönlichkeit in innere Rollen aufzuteilen. Mögliche innere Anteile können sein:

• Löwenbändiger, der ein Machtwort spricht.
• Angestellter, verantwortlich gegenüber der Organisation oder dem eigenen Chef.
• Konfliktschlichter/Moderator/Mediator.
• Manager, der die Arbeit anderer strukturiert.
• Kontrolleur, der die Arbeit anderer überwacht.
• Mitarbeiter-Coach, der Mitarbeitern bei schwierigen Aufgaben beisteht.
• Teamentwickler, der das Team fördert und Konflikte schlichtet.
• Leitwolf, der zeigt, wo es langgeht.
• Fachexperte, der sich fachlich auskennt und um Rat gefragt werden kann.
• Verantwortlicher, der die Entscheidungen seines Teams nach außen vertritt.

In der einen Situation macht es Sinn, den Visionär zu spielen, um eine Idee voranzubringen. In einer anderen Situation ist der Kontrolleur gefragt. All das sind Teile von Ihnen, die wohldosiert eingesetzt werden sollten. Wohldosiert bedeutet: Kein Visionär, Kontrolleur, Dompteur, Leitwolf oder Coach sollte für sich alleine agieren. Er braucht ein starkes Ich, einen Moderator im Hintergrund, der den Überblick behält und bestimmt, wann welche Rolle sinnvoll ist.

Denken Sie darüber nach, welche Rollen Sie tagtäglich ausfüllen (sollten). Zeichnen Sie nun einen Kreis und unterteilen Sie diesen in entsprechende Anteile, je nachdem, wie oft Sie welche Rolle zu wie viel Prozent einnehmen:
Welche Rollen liegen Ihnen mehr, welche weniger? Woran liegt das? In welchen Rollen haben Sie die meisten Erfolge? Welche Rollen fühlen sich am leichtesten an? Würden Sie gern eine bestimmte Rolle ausbauen oder eine andere verkleinern? Wie könnten Sie dies erreichen?

Die Führungskraft als Antreiber

Führen ist also nicht nur motivieren. Führen heißt auch antreiben. Trotz allen Verständnisses für die Belange der Mitarbeiter müssen Führungskräfte es aushalten, auch einmal unbeliebt zu sein.

Gerade in der Rolle des Antreibers ist es wohltuend, sich nicht als Gesamt-Mensch zu empfinden, sondern aus dieser einzelnen Rolle heraus, sozusagen als Teil-Mensch, zu agieren. Damit schützen Sie sich vor allzu persönlichen Angriffen. Es ist schließlich Ihre Rolle, in der Sie eine bestimmte Aufgabe zu erledigen haben, genauso wie es die Rolle der Mitarbeiter ist, die Erwartungen des Unternehmens zu erfüllen, sofern diese realistisch und zumutbar sind.

Bleibt die Frage offen, wie Sie trotz Antreiber-Rolle in gutem Kontakt zu Ihren Mitarbeitern bleiben? Hier bietet sich die Theorie des Inneren Teams an (vgl. Schulz von Thun 2005). Grob formuliert geht Schulz von Thun davon aus, dass wir nicht aus einer einzelnen einheitlichen Person bestehen, sondern im Gegenteil aus vielen kleinen Einzelanteilen. Wenn Sie die Übung im vorhergehenden Tipp mitgemacht haben, wissen Sie, auf was es hier hinausläuft: schlimmstenfalls auf eine innere Zerrissenheit – bestenfalls auf eine starke innere Fußballmannschaft mit Ihrem Ich als Trainer.

Die Idee des Inneren Teams bietet uns die Möglichkeit, darüber nachzudenken, wer zusätzlich zu Ihrem Antreiber noch vorhanden sein sollte, um Kritik und Feedback verträglicher zu gestalten.

Dieser Anteil – nennen wir ihn den Talentsucher – könnte die Aufgabe haben, in seinem Gegenüber eine der Funktionen des Team-Management-Systems (vgl. Tscheuschner/Wagner 2009), ein System zur Etablierung von Erfolgsteams, herauszufinden:

- Der Visionär entwickelt neue Innovationsideen.
- Der Entwickler sorgt für die Umsetzung der Ideen.
- Der Berater hakt nach und informiert.
- Der Organisator achtet auf Termine und einen effektiven Zeitplan.
- Der Umsetzer sucht die besten Ideen aus und trifft Entscheidungen, damit die Produktion beginnen kann.
- Der Kontrolleur achtet auf die Qualität und Güte der Ideen.
- Der Stabilisator hält das Team zusammen.
- Der Promoter verkauft die neuen Ideen.

Oftmals führen Erwartungen, die ein Mitarbeiter aufgrund seiner Persönlichkeitsstruktur gar nicht oder noch nicht erfüllen kann, zu Enttäuschungen und Kritik. In aller Regel hat jedoch auch der unzuverlässigste Mitarbeiter ein Talent für wenigstens eine der oben genannten Rollen.

Beispiel: Unmotiviert oder unsicher

In den Teamsitzungen wird immer wieder angemahnt, dass Herr Meier so wenig zur Diskussion beiträgt. Die erste Hypothese im Raum lautet, ohne dass sie ausgesprochen wird: Er ist unmotiviert. Zudem passiert es, dass er anschließend Beschlüsse nicht so wie geplant umsetzt. Erst das ganze Bild macht deutlich, dass Herr Meier lediglich ein Problem mit Diskussionen mit über drei Beteiligten hat. Es fällt ihm schwer, seine Meinung so wie die anderen zu äußern und vor allem zu verteidigen. Ein Blick in den restlichen Berufsalltag zeigt, dass Herr Meier ein exzellenter Entwickler ist, der am liebsten im Hinterzimmer Produkte entwickelt und verbessert. Um seine Ideen besser in das Team einzubringen, beschließt seine Führungskraft, ihm mit Herrn Müller einen wohlwollenden, verständnisvollen Gegenpart zur Seite zu stellen. Herr Meier hat nun die Aufgabe, Herrn Müller vor den Teamsitzungen auf den neuesten Stand seiner Entwicklungen zu bringen, damit diese einen Weg in das Team finden.

Für Führungskräfte haben zwei Rollen des Team-Management-Systems noch eine besondere Bedeutung: Kontrolleur und Visionär.

Ein Kontrolleur muss den Finger in die Wunde legen. Er muss es aushalten, dass ihn niemand mag. Zwischen der Aufgabe als Kontrolleur im Dienste des Unternehmens und der Empathie für Mitarbeiterinteressen befindet sich wie so oft ein schmaler Grad. Beides muss vorhanden sein, wenn Sie als Führungskraft glaubwürdig und motivierend zugleich agieren wollen. Wir werden später noch sehen, wie wichtig Vertrauen ist. Doch ab und an braucht es auch Kontrolle, um nicht beliebig zu sein. Sollten Sie dabei die Mitarbeiterinteressen aus dem Auge verlieren, verlieren Sie auch die Bindung zu ihnen und damit ebenso den Zugriff auf die Motivation.

Als Visionär haben Sie die Aufgabe, die Vision hochzuhalten und immer wieder neue Ideen voranzutreiben. Dazu hatten wir bereits im Abschnitt *Das Bungee-Prinzip* auf Seite 39ff. die Frage nach dem Was, Warum und Wie gestellt. Das Was und Warum bezeichnet das normativ Zu-Erreichende und bleibt in der Regel bestehen, bis es erreicht ist. Das Wie bezeichnet den Weg. Erst hier beginnt die wirkliche Kreativität der Mitarbeiter. Der Weg kann sich ändern. Er kann länger werden. Es kann Hürden geben. Oder die Fortbewegungsmittel verändern sich.

Konsequenzen aufzeigen

Im Kontext der persönlichen Rolle stellt sich auch die Frage, wo die eigenen Grenzen liegen. Auch Sie haben mit Sicherheit den einen oder anderen Mitarbeiter, bei dem Sie das Gefühl haben, er würde diesen ›Los! Motivier mich!‹-Virus in sich tragen.

Da stellt sich die Frage: Wie hole ich sogenannte beleidigte Leberwürste und andere tragische Gestalten mit ins Boot? Was mache ich mit Mitarbeitern, die glauben, nach der letzten Änderung im Betriebsablauf alle Rechte der Welt zu haben, den Tag gerade so über die Runden zu bringen, mit einem Blick, als würde ein Nichtschwede einen Surströmming essen? (Surströmming ist vergorener schwedischer Fisch, der einen unerträglichen Geruch ausströmt. Wikipedia schreibt dazu: »In Deutschland verspritzte zu Weihnachten 1981 eine Mieterin im Treppenhaus und im Garten Surströmmingbrühe. Ihr wurde fristlos gekündigt. Das Landgericht Köln bestätigte die Kündigung, nachdem in der mündlichen Verhandlung eine Dose Surströmming geöffnet wurde.«) Wie gehe ich mit Mitarbeiterinnen um, die »gerade nichts tun können, weil sie sich die Nägel lackiert haben« (Zitat einer Seminarteilnehmerin)?

Viele Führungskräfte im sozialen und öffentlichen Bereich können ein Lied von solchen Kollegen singen. Doch auch in anderen Branchen gibt es hier und da einen Schwarzen Peter, der Ihnen das Führen und Motivieren nicht unbedingt einfacher macht.

Damit Sie mich nicht falsch verstehen: 70 bis 80 Prozent der Mitarbeiter sind in der Regel hoch bis sehr hoch motiviert. Sie haben sich offensichtlich den richtigen Beruf ausgesucht und brauchen nur die passenden Rahmenbedingungen, um durchzustarten oder einen guten Job zu machen. Aber es gibt auch die anderen.

Und jeder dieser Mitarbeiter braucht etwas anderes, um ein Mindestmaß an Leistung abzuliefern. Manche müssen Sie nur ein wenig anstupsen, und es läuft wie von allein. Andere brauchen zehn Mal am Tag ein offenes Ohr und einige warmherzige Worte und für wieder andere ist Hopfen und Malz verloren. So leid es einem tut. Aber es gibt solche erhellenden Momente, in denen wir uns eingestehen müssen, dass es im Umgang mit manchen Mitarbeitern nur noch darum gehen kann, das Schlimmste zu verhindern und sich erwachsen auf einen Modus Vivendi zu einigen, insbesondere wenn eine Kündigung, aus welchen Gründen auch immer – von mangelnden Alternativen bis zur Vetternwirtschaft – keine Option ist.

So unbefriedigend es klingen mag: Manchmal besteht die letzte Option schlicht und ergreifend aus dem Dreiklang Schadensbegrenzung, Selbstschutz und Konsequenzen:

1. Schadensbegrenzung: Was können Sie tun, um einen drohenden Schaden für das Unternehmen zu minimieren, zum Beispiel bestimmten Mitarbeitern keine Top-Kunden mehr geben?

2. Selbstschutz: Fragen Sie sich: Was ist meine Rolle bei der Geschichte? Ist es meine Aufgabe, diesen Mitarbeiter zu motivieren? Oder stoße ich hier an eine natürliche Grenze, weil der Mitarbeiter sich vehement gegen eine Einflussnahme wehrt? Das Eingeständnis der eigenen Grenzen, nachdem die gängigen Optionen ausgeschöpft wurden, kann Ihre letzte Rettung vor dem Burn-out sein.

3. Konsequenzen aufzeigen: Für alles, was wir tun, müssen wir einen Preis zahlen. Wenn der besagte Mitarbeiter ein motziges Gesicht an den Tag legt und damit seine Unzufriedenheit kundtut, verfolgt er damit bewusst oder unbewusst eine Absicht: Er möchte Ihnen zeigen, wie unzufrieden er ist. Die offensichtliche Folge dieser Absicht bei Ihnen könnte lauten: »Nachricht angekommen. Worum geht es?« Auf der anderen Seite der Medaille lautet der Preis für den Mitarbeiter:

- Wer nicht in der Lage ist, mit Krisen angemessen umzugehen, braucht nicht mit einer Beförderung zu rechnen.
- Die negative Stimmung wird sich auf das Team auswirken, wodurch wir im Projekt heute vermutlich nicht weit vorankommen werden.

- Sofern Kunden- oder Klientenkontakt besteht, wird sich die schlechte Stimmung auch auf diese auswirken, was zu Teufelskreisen führen kann: Kunden oder Klienten sind unzufrieden, beschweren sich, die Stimmung wird noch schlechter, und so weiter.

Um diesen Teufelskreis zu durchbrechen, dürfen Sie nicht bei der indirekten Schadensbegrenzung bleiben, indem ein Mitarbeiter wichtige Kunden nicht mehr bekommt, sondern müssen Konsequenzen aufzeigen, indem Sie in sachlichem Ton verdeutlichen, welchen Preis das Verhalten des Mitarbeiters kostet.

Doch was liegt hinter diesem motzigen Gesicht? Warum war dieser Mitarbeiter genervt? Was hat nicht in seinen Plan gepasst? Um diese Fragen zu beantworten, ist es wichtig zu erkunden, was ihn motivierte und welche Bedürfnisse nicht erfüllt wurden.

Klärungsschritte vor der Schadensbegrenzung

1. Führen Sie ein erstes offenes Gespräch, in dem Sie Ihre Ziele mit den Zielen Ihres Mitarbeiters abgleichen. Dabei hat sich die Vorgehensweise einer Balanced Scorecard als sehr praktikabel herausgestellt, indem die Ebenen Finanzen, Umgang mit Kunden/Klienten, Persönliche Entwicklung und Interne Prozessabläufe miteinander in Einklang gebracht werden. Verbunden damit sind Kennzahlen, die zeigen, ob und wie Ziele erreicht wurden.

2. Sollten die Ziele nicht erreicht werden, klären Sie, woran es lag. Inwiefern lag dies in der Verantwortung des Mitarbeiters und inwiefern nicht. Wie können Sie ihm helfen, das nächste Mal die gemeinsamen Ziele zu erreichen?

3. Geben Sie sich selbst ein inhaltliches und zeitliches Ultimatum, bevor Sie zur Schadensbegrenzung übergehen, um nicht in die Anpassungsfalle zu tappen. Das Ultimatum hilft Ihnen, orientiert an Kennzahlen aus der Balanced Scorecard, inhaltlich und zeitlich möglichst objektiv zu definieren, ob, wie und wann die erwartete Leistung erbracht wurde.

Sinn und Unsinn von Hierarchien

So wie es im Tierreich nicht ohne sie geht, haben sie auch in der Wirtschaft, trotz aller Nachteile, wie den Folgen des Peter-Prinzips (Mitarbeiter werden so lange befördert, bis sie an eine Stelle kommen, die sie überfordert), einige Vorteile zu bieten:

1. Verantwortung und Entscheidungsfähigkeit

Hierarchien helfen dabei, klare Verantwortlichkeiten festzulegen. Entscheidungen werden schneller gefällt. Bei Fehlentscheidungen sind die Verantwortlichen klar auszumachen. Vor allem risikoreiche Berufe (in den Bereichen Militär, Gesundheitswesen, Feuerwehr, Polizei) sind deshalb auf klare Hierarchien und Befehlsketten angewiesen.

2. Karriereorientierung und Motivationsgestaltung

Hierarchien bieten eine klare Motivation des Aufstiegs, verbunden mit Macht, Geld und Privilegien. Wenn der Aufstieg automatisiert ist, manche Banker so oder so ihre Boni bekommen, wirken Hierarchien verständlicherweise wenig motivierend.

3. Sicherheit und Klarheit

Die Vermutung liegt nahe, zu glauben, eine weitere Stufe auf der Karriereleiter würde zu Ruhe führen. Dies stimmt nur zum Teil. Die Frage, wer den Aufstieg schafft, ist geklärt, was alle Beteiligten beruhigen könnte. Doch in Streitfällen führt dies erst recht zu weiteren Unruhen. Es kann sich nur der sicher fühlen, der in der Hierarchie ganz oben oder ganz unten steht. Alle anderen befinden sich in einer Sandwichposition, in der sie sich stetig beweisen, rechtfertigen oder abgrenzen müssen, insbesondere, wenn sie nicht im Sinne eines Gebers an ihrer Netzwerkbasis gearbeitet haben.

Ein zentraler Motivationsfaktor besteht in der Balance zwischen Unter- und Überforderung des Mitarbeiters, was seine Möglichkeiten bezüglich Verantwortungsübernahme, seine persönlichen Karrierebestrebungen und das Aushalten von Unsicherheiten angeht.

Wenn wir akzeptieren, dass Führungskräfte faktisch Teil einer Verantwortungs-Hierarchie sind, ist es deren Aufgabe, aus dem Einzelnen mehr herauszuholen, als er allein zu geben vermag. Auch wenn Mitarbeiter perfekte Fachkräfte sind, brauchen sie in der Regel jemanden, der Richtung und Takt angibt und bereit ist, seinen Kopf hinzuhalten. Allein das Mehr an Wissen über Unternehmensentscheidungen oder Budgets erfordert diese Art der Arbeitsteilung. Voraussetzung ist allerdings, Entscheidungen dort, wo es sinnvoll erscheint, transparent zu machen.

Beispiel: Vor vollendete Tatsachen gestellt
Der Chef eines mittelständischen Unternehmens fragt eines Morgens einen Mitarbeiter, was er von einem Angebot auf eine Ausschreibung in einem für die Firma unüblichen Geschäftsbereich hält. Mit Hinweis auf

den guten Ruf des Unternehmens, die mangelnde Erfahrung in diesem Bereich und das hohe Risiko rät der langjährige Mitarbeiter von einer Angebotsabgabe ab. Zwei Wochen später erfährt er von der Angebotsabgabe des Chefs und dem Zuschlag. Was ist hier passiert? Der Mitarbeiter vermutete eine Trotzreaktion des Chefs. Wenn der Chef ein Stimulanz-Typ ist, könnte es sich auch um ein Abenteuer für ihn handeln. Oder aber er möchte als fürsorglicher Chef genügend Aufträge an Land ziehen, um seine Mitarbeiter bezahlen zu können.

Ohne Transparenz bleiben all diese Hypothesen haltlos, verursachen aber bei den Mitarbeitern unterschiedlichste Reaktionen und zukünftige Verhaltensweisen. Je nach Hypothese und Persönlichkeit des Mitarbeiters reagiert der eine mit Trotz, nach dem Motto: »Der braucht mich beim nächsten Mal gar nicht mehr zu fragen!« Ein anderer Mitarbeiter reagiert mit Verunsicherung: »Ist der Chef jetzt durchgedreht? Ich habe keine Ahnung, was als Nächstes kommt.« Langfristig entwickelt sich aus solchen Hypothesen eine schlechte Stimmung und schließlich Gerüchte über die Marotten und Eigenarten des Chefs, die ihre eigene Logik haben. Langfristig wird kaum ein Mitarbeiter motiviert sein, sich Gedanken über ein mögliches Projekt zu machen, wenn sie vermuten, dass der Chef ohnehin nach eigenem Gutdünken entscheidet.

Was können wir aus diesem Beispiel lernen?
Der einzige Ausweg ist Transparenz. Wenn klar ist, warum der Chef seine Entscheidung so getroffen hat, gibt es keine Spekulationen mehr.

Auch wenn Hierarchien nach wie vor ihre Notwendigkeit haben, nimmt historisch gesehen die Bedeutung hierarchischer Führung rapide ab. Hier zeigen sich Analogien zur politischen Entwicklung. Aus Obrigkeitsstaaten, die Untertanen Befehle gaben, wurden demokratische Rechtsstaaten, in denen der Einzelne immer mehr Freiheiten besitzt, auch wenn es aktuell im Auge des NSA-Skandals so scheint, dass diese Freiheiten Scheinfreiheiten sind.

Informationsaustausch und Entscheidungen in Netzwerken

Es braucht folglich eine klare Auseinandersetzung über die Sinnhaftigkeit und Unsinnigkeit von Hierarchien in jedem einzelnen Unternehmen. Ziel sollte eine gute Balance zwischen Hierarchien und Netzwerken sein. Der Begriff des Netzwerkes wird insbesondere im Wissensmanagement verwendet, wenn es um den schnellen und reibungsfreien Austausch von Informationen geht. Netzwerke sind pragmatisch und fragen nicht nach Erlaubnissen. So kann Mitarbeiter A bei Mitarbeiter B aus einer anderen Abteilung nachfragen, welche Erkenntnisse das letzte Projekt ergab, ohne den Abteilungsleiter davon zu unterrichten.

Netzwerke fördern den Informationsfluss. Und da Informationen notwendig sind, um Aufgaben voranzutreiben, wirkt dieser Input, den sich Mitarbeiter von anderen holen, wie Treibstoff zur Motivation. Daher besteht eine der wichtigsten Aufgaben von Führungskräften in der Klärung der Frage, wie der Informationsfluss als natürliches Feedback genutzt werden kann, um die Motivation der Mitarbeiter zu fördern.

Dazu sind vor allem die folgenden vier Fragen von Bedeutung:
1. Ist bekannt, wer über welche Kompetenzen, welches Wissen und welche Informationen verfügt?
2. Ist bekannt, wie und wann ich diese Personen am besten erreiche?

3. Sind diese Personen bereit, ihr Wissen weiterzugeben? Und ist dies, auch über Hierarchien hinweg, erlaubt?
4. Trauen sich die Mitarbeiter, über Abteilungsgrenzen hinweg, andere Mitarbeiter zu fragen? Oder befürchten sie negative Konsequenzen, zum Beispiel Prestige-Einbußen (vgl. Zenk/Behrend 2010: 219)?

Neben dem Austausch von Informationen stellt sich auch die Frage der Entscheidungsbefugnisse. Risikoreiche Berufe, beispielsweis in den Bereichen Militär oder Luftfahrt, benötigen Hierarchien, um die Verantwortlichkeiten klar zu verorten. In vielen anderen Berufszweigen setzt sich seit einigen Jahren der Netzwerkgedanke durch. Das heißt: Kleine Teams vor Ort sind näher am Kunden, wissen damit auch mehr und können deshalb, in einem bestimmten Rahmen, bessere und schnellere Entscheidungen treffen. Neben dem Budget tritt damit der Kunde stärker in den Fokus, was dem Balanced-Scorecard-Gedanken entgegenkommt (vgl. Pfläging 2008: 36).

KOMPAKT

Die vorangegangenen Kapitel beleuchteten die beiden Seiten einer Medaille. Einerseits ist es für Sie als Führungskraft wichtig, zu klären, welche Rollen Sie je nach Situation gezielt einnehmen sollten, um Einfluss auf Ihre Mitarbeiter zu nehmen. Auch wenn es beinahe hoffnungslose Fälle gibt, sollte dieses Modell dazu führen, nur noch selten in Richtung Schadensbegrenzung gehen zu müssen.
Andererseits braucht es auch eine Klarheit der Entscheidungsstrukturen und Hierarchien. Beides zusammen gibt den Mitarbeitern die notwendige Orientierung im Berufsalltag.

2.8 Demotivation verhindern

Eine Führungskraft erzählte mir neulich: »Das, was ich als Erstes in meiner neuen Position lernen musste, war: Wie schaffst du es, deine Leute nicht zu demotivieren?«

Für diejenigen unter Ihnen, die in der schönen Lage sind, eine Menge engagierte Mitarbeiter zu haben, könnte der Leitspruch lauten: So viel eingreifen wie nötig und so wenig wie möglich! Auch wenn die Zurückhaltung manchmal schwerfällt (vgl. Sprenger 1995: 186 f.).

Dabei gibt es diverse Fallen, in die selbst erfolgreiche Führungskräfte tappen. Es folgt eine Auswahl solcher Fallen als Überleitung zu Kapitel 3 *Mit dynamischen Haltungen in Beziehung treten*:

Visionen

Vielen Mitarbeitern fehlt es nicht nur an einer klaren Vision in ihrer Arbeit, sondern es mangelt Ihnen auch an Karriereperspektiven. Nun kann es für Führungskräfte nicht darum gehen, all die Fehler, die in Unternehmen passieren, allein aufzufangen. Vielmehr geht es darum, die Bedürfnisse der Mitarbeiter wahr- und ernstzunehmen und vorhandene Möglichkeiten anzupeilen. Anstatt die Augen aufgrund unsicherer oder fehlender Chancen zu verschließen und mit Scheuklappen durch die Gegend zu galoppieren, hilft es Mitarbeitern mehr, wenn Führungskräfte die Probleme zumindest erkennen und beim Namen nennen, auch wenn ihnen selbst die Hände gebunden sind. Führungskräfte sollten in diesem Fall klar Farbe bekennen. Zu wissen, was gut wäre, ist die eine Seite, Handlungsunfähigkeit die andere – auch wenn dies oft einem Drahtseilakt zwischen Mitarbeiter- und Unternehmensinteressen gleicht.

Diese Art der emotionalen Kompetenz führt nicht nur zu einer kurzfristigen Erhöhung der Motivation, weil der Mitarbeiter sich verstanden fühlt und damit nicht das Gefühl hat, gegen das System kämpfen zu müssen, sondern langfristig zu einer vertrauensvollen Bindung zwischen Führungskraft und Mitarbeiter, wodurch Krisen und stürmische Zeiten leichter gemeistert werden.

Dabei ist es eine Binsenweisheit, dass noch die letzten Kraftreserven aktiviert werden, wenn wir wissen, für welchen tieferen Sinn wir uns bemühen, und ein Ziel in greifbarer Nähe ist.

Wertschätzung

Wenn nicht ein Mindestmaß an Wertschätzung und Respekt vorhanden ist, löst sich die Motivation vieler Mitarbeiter schnell in Rauch auf. Mitarbeiter sind dann so mit ihrem Ärger, inneren Bilanzierungen, Tratsch und Tuschelei beschäftigt, dass sie kaum zu ihrer eigentlichen Arbeit kommen. Der schwäbische Spruch ›Nix gsagt isch gnug globt‹ oder auch das fränkische ›Basst scho!‹ scheint in einigen Unternehmen deutliche Spuren hinterlassen zu haben.

Dabei wäre es so einfach: Den Namen des (neuen) Mitarbeiters kennen. Eine wohlwollende Begrüßung und ein warmherziger Händedruck am ersten Arbeitstag anstatt business as usual. Die Vorbereitung des Arbeitsplatzes für neue Mitarbeiter inklusive der Vorinstallation benötigter Computersoftware und der Verfügbarkeit erforderlicher Ressourcen. Oder auch die zeitnahe Reaktion auf Anfragen, selbst wenn manche Forderungen nicht erfüllt werden können.

Oft sind es Kleinigkeiten, die über Erfolg und Misserfolg, in diesem Fall über Motivation oder Demotivation entscheiden.

Können Unternehmen ernsthaft erwarten, dass Projekte reibungsfrei ablaufen und Projektmitarbeiter hoch motiviert sind, wenn der Zugang mit Inter- und Intranet oder noch banaler: die Verfügbarkeit von Schreibmaterial nicht gegeben ist. Auch die Verfügbarkeit von Ansprechpartnern über Erste-Hilfe-Sets und Feuerlöscher bis zum Zentrallager für Materialnachschub hat mit Respekt zu tun.

Wenn wir unsere Liste noch in Richtung Vorgehen im Krankheitsfall, Beantragung von Dienstreisen und Dienstwagen oder Informationen über Firmenfeste und -ausflüge ausdehnen, bedeutet dies viel Informations- und Aufklärungsarbeit in den ersten Wochen, die weit über die eigentliche Einarbeitung hinausgeht.

All dies hat mit Klarheit und Sicherheit zu tun. Es hat aber auch mit Respekt und Wertschätzung zu tun: Es ist uns wichtig, dass Mitarbeiter Zeit haben, sich im Unternehmen mithilfe der Führungskraft, eines Kollegen oder sogar Mentors zu orientieren.

Echtes Feedback

Vielen Mitarbeitern fehlt es an echtem Feedback. Doch was heißt das? Feedback bedeutet nicht, ab und an den Mitarbeitern wohlwollend auf die Schulter zu klopfen, gemäß einem gut gemeinten »Weiter so!« Echtes Feedback zu geben heißt, zu wissen, was Mitarbeiter bewegt, gegenseitige Erwartungen zu klären und entsprechende Konsequenzen daraus zu ziehen.

Feedback zu geben heißt, Mitarbeiter darüber aufzuklären, wo sie mit ihrer Arbeit stehen. Dadurch bekommen sie Sicherheit und Klarheit und können sich und ihre Rolle im Unternehmen verorten.

Sie können sich Feedback auch frei übersetzt als Rückenfutter vorstellen. Damit bekommen Rückmeldungen eine Jetzt- und Zukunftsdimension: Der Mitarbeiter wird jetzt gestärkt, indem Sie seine Arbeit bewerten. Er bekommt aber auch deutliche Hinweise auf die Zukunft. Ganz ehrlich: Bringt es Ihren Mitarbeitern etwas, wenn Sie sagen: »Das war gut!« oder »Das war schlecht. Das kannst du doch besser!«? Klar! Der Mitarbeiter weiß dann, ob er sich verbessern soll oder kann. Aber wie? Das weiß er nicht.

Wie Feedbacks sich auf die eigene Arbeit als Führungskraft auswirken, werden wir uns noch intensiv in Kapitel 3.6 *Transparenz und Authentizität* ansehen.

Fairness

Fairness ist ein Dauerthema. Wer bekommt wie viel Geld? Wer bekommt wie viel Anerkennung? Und ist dies auch gerechtfertigt?

Dass dieses Thema nicht einfach ist, werden wir uns im Kapitel 3.9 *Echte Fairness* genauer ansehen. Auch hier ist es wichtig, den Mitarbeitern ein Gefühl von echtem Interesse zu vermitteln: Woran arbeiten Sie gerade? Was geht Ihnen dazu durch den Kopf? Oftmals sind es solch kleine Nachfragen, die deutlich machen, ob eine Führungskraft an der

Arbeit des Mitarbeiters interessiert ist oder nicht. Bereits dies kann empfundene Ungerechtigkeiten abmildern.

Beteiligung

Wenn wir einen Blick in moderne Managementausbildungen werfen, wird ein weiteres Problem deutlich. Heutige Studierende wählen mehr als früher aus, wo sie studieren wollen. Der Unterricht ist, auch dank der Exzellenz-Entwicklung an deutschen Universitäten, gespickt mit Teambildungs- und Persönlichkeitsentwicklungsseminaren. Deren Absolventen, starten mit hohen Erwartungen in ihren ersten Arbeitstag. Auch wenn noch einiges an Praxiserfahrung fehlt, wollen Sie in Entscheidungsprozesse mit einbezogen werden. Heutige Führungskräfte müssen daher den Anspruch der kommenden Generation mit der Realität versöhnen.

Unterschiedliche Mitarbeiter, unterschiedliche Demotivation

Mit einem Blick auf die Motiv-Landkarte und die drei Mitarbeiterantreiber Dominanz beziehungsweise Gestaltung und Mitsprache, Stimulanz beziehungsweise Weiterentwicklung und Ausgleich beziehungsweise Teamorientierung und Sicherheit eröffnen sich drei Gründe für eine schlechte Stimmung in Unternehmen und Organisationen:

1. Verantwortungswillige Mitarbeiter stoßen an systemische Grenzen. Hier muss die Spreu vom Weizen getrennt werden. So mancher Neuling meint, mehr Freiheiten zu brauchen, als ihm guttut, und reagiert säuerlich auf ein Dazwischenfunken seines Vorgesetzten. Von einer echten Verantwortungsübernahme ist dies meilenweit entfernt.

2. Mitarbeiter verfügen über zu wenig kreativen Freiraum. Aber Vorsicht! Zu viel Spielraum macht Kreativität beliebig. Daher braucht es eine Art fokussierten Freiraum. Wie genau dies funktioniert, werden wir uns in Kapitel 4.2 *Vom Engagement zur Kreativität* ansehen.

3. Unsichere Mitarbeiter benötigen mehr Anleitung und glasklare Regeln. Oftmals fehlt hierfür die Zeit, und manche Führungskraft fühlt sich geradezu an ihre eigenen Kinder erinnert. Doch es hilft nichts. Hier ein paar Hinweise mehr, dort eine klar ausgearbeitete Prozessbeschreibung und zuletzt ein Paar offene Ohren sind ein kleiner Preis, um die Stimmung zu glätten.

Das Auftreten dieser drei Typen in Teams ist stark branchenabhängig. Im Marketing werden Sie natürlicherweise auf mehr kreative Sonderlinge treffen als in Verwaltungen. In den meisten Branchen allerdings steigt der Anteil der Balance-Menschen schnell auf 70 Prozent. Um Missverständnisse zu vermeiden: Auch mit diesen Menschen lässt sich hervorragend arbeiten. Hier gibt es lediglich weniger Kronprinzen und Hasardeure.

Seien Sie froh darüber! Wären Unternehmen voller kreativer Visionäre und Königsmörder, gäbe es statt Produktivität nur noch Chaos und Grabenkämpfe. Eine Vielzahl von Kreativen und Alphatieren ist bereits in der Selbstständigenlandschaft oder auf Chefsesseln zu finden und dort bestens aufgehoben. Was in großer Zahl übrig bleibt, sind die stabilisierenden, teamfähigen, nachdenklichen und nach Orientierung suchenden Mitarbeiter.

Persönliche und unternehmerische Visionen, Wertschätzung, echtes Feedback, Fairness und Mitarbeiterbeteilung werden im Zuge der Unzufriedenheit und Demotivation von Mitarbeitern immer wieder genannt. Lesen Sie im folgenden Kapitel, wie Sie in die richtige Haltung kommen, die Demotivationen gar nicht erst aufkommen zu lassen!

Mit dynamischen Haltungen in Beziehung treten

»Eines Tages besucht ein Hund den Tempel der tausend Spiegel. Er betritt den Tempel, schaut in die Spiegel, sieht tausend Hunde, bekommt Angst und knurrt. Mit gekniffenem Schwanz verlässt er den Tempel in dem Bewusstsein: Die Welt ist voller böser Hunde. Kurze Zeit später kommt ein anderer Hund in den gleichen Tempel. Auch er steigt die Stufen empor, geht durch die Tür und betritt den Tempel. Er sieht in den Spiegeln tausend andere Hunde, freut sich darüber und wedelt mit dem Schwanz. Tausend Hunde freuen sich mit ihm. Dieser Hund verlässt den Tempel in dem Bewusstsein: Die Welt ist voller freundlicher Hunde.«

Indische Weisheit

»Für Arbeitnehmer in Deutschland ist das Betriebsklima der entscheidende Schlüssel zur Zufriedenheit im Beruf. In einer Umfrage der größten deutschen Krankenkasse Barmer GEK und der Bertelsmann-Stiftung nannten 72 Prozent der Beschäftigten dies als wichtigsten Punkt ... Ein positives Verhältnis zu Kollegen und Vorgesetzten lag damit klar vor einer leistungsgerechten Bezahlung ... und einem sicheren Arbeitsplatz ...« (*Die Welt online*)

Dabei stellt sich zwangsläufig die Frage, wie Sie diese Stimmung positiv beeinflussen können?

Mit welchen inneren Haltungen ist es möglich, Stimmungen zu beeinflussen? Wie werden tragfähige Beziehungen aufgebaut, um Mitarbeiter langfristig zu beeinflussen? In den nächsten Kapiteln erfahren Sie, wie Führungskräfte durch starke innere Bilder und kräftigende innere Haltungen zu tragfähigen und standhaften äußeren Haltungen kommen.

3.1 Die Führungskraft als Leuchtturm

Um Mitarbeitern Orientierungen zu bieten, helfen klare eigene Orientierungen und emotionale Kompetenzen in der Führung. Sie selbst erlangen dadurch eine größere Bewusstheit der eigenen Führungsrolle. Wofür bin ich zuständig und wofür nicht ist eine der zentralen Fragen in der Führung. Diese Klarheit gibt Ihnen Sicherheit, strahlt auf andere ab und löst Vertrauen aus. Das Bild der Führungskraft als Leuchtturm oder der oft bemühte Fels in der Brandung mögen übertriebene Floskeln sein. Und dennoch: Es liegt viel Wahres in solchen Sprichwörtern. Und sie strahlen Zuversicht und Optimismus aus.

Martens und Kuhl unterscheiden in diesem Zusammenhang zwischen Gestaltern und Erduldern (vgl. Martens/Kuhl 2005: 35 ff.). Gestalter sind Menschen, die Ihre Probleme selbst in die Hand nehmen. Sie machen sich ihre Emotionen bewusst, lassen sich davon aber nicht bestimmen. Gestalter haben eine gute Balance von Optimismus und Problembewusstsein. Sie kennen Ihre Chancen, aber auch ihre Grenzen (ebd.: 50 ff.).

Erdulder hingegen sehen sich als Opfer der Umstände. Sie machen alle anderen außer sich selbst für ihre Probleme verantwortlich. Erdulder lassen sich unkontrolliert von ihren Emotionen und Stimmungen leiten. Erdulder schieben auf, geben früh auf oder setzen sich erst gar keine Ziele (ebd.: 55 ff.).

Es geht also darum, als Gestalter aufzutreten. Und es geht darum, Mitarbeiter aus ihrer Erdulder-Haltung herauszuführen.

Eine feste innere Stärke - wir werden mit den Haltungen daran arbeiten - kann als Grundvoraussetzung betrachtet werden. Für das Zweite gilt es, klare, individuell motivierende Ziele und einen Ziele-Plan, Schritt für Schritt umzusetzen. Denn viele Erdulder fühlen sich inkompetent. Daher ist es enorm hilfreich, Ziele in viele kleine Teilschritte zu unterteilen. Dies fördert das Ansteuern der Ziele und verhindert einen Abbruch.

Noch mal: Direkte Führung ist löblich, aber selten erfolgreich. Schließlich haben Sie keinen Schraubenschlüssel für das Gehirn anderer Menschen. Sie können jedoch einiges tun, die Rahmenbedingungen zu gestalten, um Betriebsklima, Motivation und Leistung nachhaltig zu steigern. Getreu dem Motto ›first things first‹ muss es hier heißen: erst der Rahmen, dann das Vergnügen!

Eine gute Definition der Führungskraft als Leuchtturm bietet der Gehirnforscher Gerald Hüther an (vgl. Hüther 2010). Er nennt es Supportive Leadership:

1. Versuchen Sie, Ihre Mitarbeiter allein durch die Präsenz Ihrer Person zu inspirieren.
2. Wenn dies nicht ausreicht, gehen Sie einen Schritt weiter, indem Sie Ihre Mitarbeiter ermutigen, neue Wege auszuprobieren. Dies funktioniert nur, wenn Sie selbst dazu bereit sind, neue Möglichkeiten zu erproben und echtes Vertrauen in die Veränderungspotenziale Ihre Mitarbeiter haben.
3. Der letzte Schritt beinhaltet die noch aktivere Form der Einladung zu gemeinsamen Erfahrungen, um das Gefühl zu stärken, an einem Strang zu ziehen. Spannend an diesem Punkt ist die Erfahrung, dass wir auch an dem unliebsamsten Mitarbeiter mit

Sicherheit ein oder zwei Punkte finden, die wir nachvollziehen oder interessant finden. Und manchmal sind die Punkte, die uns bei anderen am sauersten aufstoßen, genau die Aspekte unserer eigenen Persönlichkeit, die wir uns selbst nicht erlauben. Wenn Sie beispielsweise sehr perfektionistisch sind, wird es Ihnen schwerfallen, entspannt mit der Gelassenheit eines Kollegen umzugehen. Schnell wird die Gelassenheit des Kollegen in Ihren Augen zur Schludrigkeit, die Sie sich in einer Million Jahren nicht erlauben würden. Aber hätte es nicht seinen Reiz, sich das, was der Kollege sich erlaubt, ebenso zu erlauben?

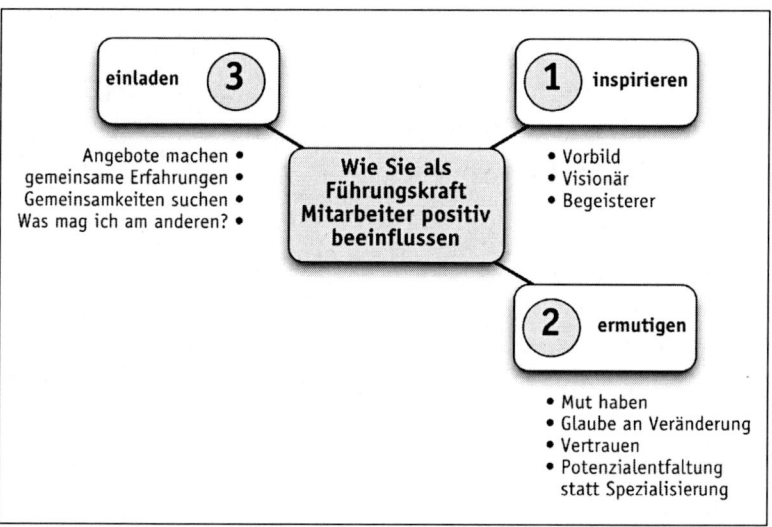

Supportive Leadership (nach Hüther)

3.2 Die sieben Haltungen indirekter Führung

Ich verstehe Haltung im Sinne von Moshé Feldenkrais niemals als etwas Statisches, sondern immer in Bewegung (Feldenkrais 2005: 152). Denn der Mensch lebt schließlich in einer Umwelt, auf die er reagiert, und die ihn stetig verändert. Daher beinhaltet Haltung immer auch Anpassung und Weiterentwicklung. Sie ist gleichzeitig fest und sicher und dennoch flexibel genug, um sich auf neue Situationen einzustellen. Antonio Damasio beschreibt dies mit dem Begriff der Homöostase: Unser Körper reagiert stetig auf Umwelteinflüsse, indem er sich einer Situation entzieht und damit Stress aus dem Weg geht oder Strategien der Weiterentwicklung ausprobiert, um ähnliche Situationen in der Zukunft besser zu meistern (vgl. Damasio 2007: 195 ff.).

Diese Anpassung sollte freilich niemals opportunistisch, sondern immer im Dienste der eigenen Evolution, der Vervollkommnung der eigenen Fähigkeiten stattfinden, um zukünftigen Herausforderungen gewachsen zu sein. Dabei haben wir uns im Laufe unseres Lebens bereits Haltungen angeeignet, sei es durch Vorbilder oder Versuch und Irrtum, die vermeintlich optimal zu unseren täglichen Anforderungen passen. Wenn Sie gelernt haben, in Krisenzeiten schnell und hektisch zu werden und sich dieses Verhalten mindestens einmal bewährt hat, erscheint Ihnen diese Strategie ideal zur Meisterung einer stressigen Situation (vgl. Feldenkrais 2005: 63 ff.). So finden wir in einer Haltung Halt. Sie verleiht uns Kraft und Stärke.

Dennoch darf diese Haltung zu keiner End-Halte-Stelle werden. Sie sollte sich neugierig weiterentwickeln, um auch für die Zukunft gewappnet zu sein (aus Homöostase wird Homöodynamik).

Doch was bedeutet es nun, indirekt mit Haltungen zu führen? Wie können Rahmenbedingungen so gestaltet werden, dass Mitarbeiter von sich aus zu Leistung motiviert sind?

Die folgenden sieben Haltungen führen Sie als Führungskraft aus der Demotivationsfalle des Motivieren-Müssens. Sie arbeiten in erster Linie an sich selbst und fördern gleichzeitig die Motivation Ihrer Mitarbeiter:

Haltung 1: Gelassenheit
Haltung 2: Lösungsorientierter Optimismus
Haltung 3: Wirkungs- und Ereignisorientierung
Haltung 4: Respekt und Demut
Haltung 5: Echte Fairness
Haltung 6: Transparenz und Authentizität
Haltung 7: Vertrauen in eine funktionierende Fehlerkultur

Die Reihenfolge, die Sie hier vorfinden, entspricht nicht unbedingt der Wichtigkeit dieser sieben Haltungen. Wenn wir uns die zentrale Bedeutung des Punktes Vertrauen ansehen, sollte dieser um einiges weiter oben stehen. Doch da gerade dieser Punkt schwer umzusetzen ist, ist es leichter, die Aufmerksamkeit zuerst auf andere Punkte zu lenken. Daher stehen Erfolgsfaktoren wie Gelassenheit und Lösungsorientierung, die in erster Linie unabhängig von anderen angestrebt werden, ganz oben. Wirkungsorientierung, die Demut, nur Teil eines großen Systems zu sein und damit verbunden der Respekt vor den Leistungen anderer, Fairness und Transparenz sind weitere Bausteine auf dem Weg zum Vertrauen in die Mitarbeiter.

Wie eingangs erwähnt, sollte jede Art von Haltung niemals statisch, sondern immer in einer dynamischen Entwicklung sein. Haltungen ermöglichen Ihnen einen Halt im Umgang mit anderen. Sie gestalten Beziehungen und damit den Einfluss auf Ihre Mitarbeiter nachhaltig, indem Haltungen Sie selbst einschätzbar und verlässlich machen. Dennoch sollten Haltungen so dynamisch sein, dass sie sich in Nuancen immer wieder auf Reaktionen der Umwelt fein einstellen, um zum einen den Kontakt zu Mitarbeitern stetig aufrechtzuerhalten und zum anderen das eigene Potenzial weiterzuentwickeln.

Der Motivations-Faktor

Zu jeder dieser Haltungen gebe ich einen subjektiv empfundenen Motivations-Faktor an. Dieser kennzeichnet die Relevanz und Wirksamkeit der verschiedenen Haltungen für den besseren Stand einer Führungskraft, sowie als indirekten motivationsfördernden Einfluss. Daher ist der Motivationsfaktor zweigeteilt: Die erste Zahl kennzeichnet die Wirksamkeit für Führungskräfte, die zweite den Effekt im Umgang mit Mitarbeitern.

Auch hier greife ich auf eine Skala von 1 bis 10 zurück. Bis zur 5 wird lediglich Zufriedenheit erreicht. Die Zahlen 6 bis 10 kennzeichnen die Abstufungen in Richtung Begeisterung.

3.3 Spieglein, Spieglein, ...

Bei all dem wirken unsere Spiegelneuronen wie kleine Helferlein. Wenn Sie geduldig sind, Vertrauen und eine klare Vision der Zukunft haben, wirkt sich dies, auch und vor allem ohne Worte, unbewusst auf ihr

Gegenüber aus. Sie bleiben trotz harter Sachzwänge in Kontakt mit Ihren Mitarbeitern. Verantwortlich dafür sind unsere Spiegelneuronen. Diese spiegeln das Empfinden und mögliche zukünftige Verhalten unseres Gegenübers, indem sie es innerlich nachsimulieren und so eine Brücke zwischen uns und unserem Gegenüber bauen (vgl. Keysers 2011: 38 ff.).

Beispiel: Überschrift

Wenn Kaffee für Sie zu einem gern getrunkenen Getränk gehört, dann kennen Sie den Geruch, Geschmack und schließlich die Wirkung des Koffeins in Ihrem Körper. Bei häufigerem Genuss von Kaffee verbinden sich die entsprechenden Neuronen für Tasten, Riechen und Schmecken. Es kommt zu Bahnungen im Gehirn. Sollten Sie jemanden beobachten, der gerade nach einer Tasse Kaffee greift, könnte es folglich in Ihrem Gehirn zu einer Kettenreaktion vom Sehen bis zum Schmecken kommen. Sollte Ihr Gegenüber gleichzeitig ein wenig müde aussehen, wird Ihr Wissen um die Wirkung des Koffeins Sie vermuten lassen, dass er die Tasse zügig austrinken wird.

Unsere Spiegelneuronen wirken folglich in beide Richtungen. Wenn Sie Klarheit ausstrahlen, wirkt sich diese Klarheit auf Ihr Gegenüber ansteckend aus. Dies hat weitreichende Folgen: Sofern Ihr Mitarbeiter Momente der Klarheit in seinem Leben kennt, wird er selbst gelassener und klarer. Er simuliert damit Ihre Klarheit. Sofern er diese Momente nicht kennt, könnte er sich langfristig an Ihnen orientieren. Psychologen sprechen hierbei vom Lernen am Modell. Zudem helfen die Spiegelneuronen Ihres Mitarbeiters ihm, Ihre Aktionen nachvollziehbar zu machen, als ob Sie ihn in Ihren Kopf holen würden. Er stellt sich dabei vor, was er an Ihrer Stelle mit Ihrer Klarheit machen würde. Kann es eine größere und gleichzeitig sanftere Beeinflussung geben? Die Klarheit Ihres Gegenübers wirkt sich freilich auch auf Sie aus. So wie sich Wut gegenseitig hochschaukelt, wirken auch positive Aspekte wie Vertrauen, Geduld, Hilfsbereitschaft oder Fairness ansteckend. Dieses unbewusste Feedback wird Sie dazu bewegen, noch gelassener und klarer zu werden.

Damit Spiegeleffekte funktionieren, braucht es eine gute Atmosphäre. Es braucht eine Grundzufriedenheit auf beiden Seiten. Es braucht einen vertrauensvollen und respektvollen Umgang im Miteinander, transparente, bisweilen demokratische Entscheidungen, die Akzeptanz von Fehlern und genügend Raum für Kreativität.

Die Aufgabe der Feineinstellung übernehmen unsere Spiegelneuronen. Sie definieren Ihr Selbst nur aufgrund der Einordnung in systemische Kontexte und Abgrenzungen von anderen Führungskräften. Nur im Vergleich können Sie einschätzen, wie gelassen, authentisch, ereignisorientiert und optimistisch Sie sind. Nur anhand der Reaktionen Ihrer Mitarbeiter erkennen Sie, wie respektvoll, fair und vertrauensvoll Sie wirklich sind, und welche Auswirkungen dieses Verhalten auf Ihre Mitarbeiter und damit gespiegelt auch auf Sie selbst hat.

Mehr noch: Unsere Spiegelneuronen führen dazu, eine Brücke zwischen unserem Selbst und unserer Umgebung zu spannen. Damit steht das Prinzip der sieben Haltungen in enger Tradition der Resonanten Führung nach Daniel Goleman. Auch Goleman geht davon aus, dass Führungskräfte sich selbst managen sollten, zum Beispiel im Hinblick auf ihre Authentizität, Gelassenheit und ihren Optimismus, um im nächsten Schritt in Resonanz, das heißt in Kontakt mit ihren Mitarbeitern zu treten (vgl. Goleman 2003: 59 ff.).

Dabei ist dieser Kontakt niemals einseitig, sondern verläuft wie eine Acht von der einen Personen zur anderen und wieder zurück. Konkret: Wenn Sie optimistisch sind, wird Ihr Gegenüber diesen Optimismus mental simulieren, er wird folglich selbst optimistisch. Dieser Optimismus wird wiederum auf Sie zurückstrahlen und so fort. Wo Gesprächspartner sich in Konflikten gegenseitig hochschaukeln, passiert hier genau dasselbe, nur im positiven Sinne, und um einiges langsamer.

Alles, was Sie für andere tun – und Vertrauen in andere zu haben bedeutet letztlich, das Bedürfnis Ihres Gegenübers nach Vertrauen zu erfüllen–, tun Sie aufgrund Ihrer Spiegelneuronen letztlich für Sie selbst. Wenn Gehirnregionen, die eindeutig für das Spiegeln und damit Verstehen des Verhaltens anderer durch eine Magnetstimulation ausgeschaltet werden, fällt es den Testpersonen deutlich schwerer, die eigene Stimme zum eigenen Konterfei zuzuordnen. Wir brauchen unsere Spiegelneuronen folglich zur Selbstkenntnis (vgl. Iacoboni 2009: 164 ff.).

Wenn wir andererseits einer anderen Person helfen, ist es aufgrund unserer Spiegelneuronen so, als würden wir uns selbst einen Gefallen tun. Und damit meine ich nicht, dass Sie mit Ihrem Verhalten ein inneres Empowerment Ihrer Mitarbeiter anregen. Nein: Ihre Spiegelneuronen simulieren das wahrscheinliche Empfinden Ihres Gegenübers, wenn Sie ihm Vertrauen entgegenbringen. Sollte er sich darüber freuen, veranlassen Ihre Spiegelneuronen Sie dazu, sich ebenso zu freuen (vgl. Iacoboni 2009: 127 ff.). Deshalb werden Sie einem Verletzten auf dem Weg ins nächste Krankenhaus erlauben, Ihr Auto vollzubluten und vielleicht sogar im Anschluss, wenn es darauf ankommt, noch einen Liter Blut für ihn spenden. Regelmäßig eine Blutspende für anonyme Menschen abgeben werden Sie deshalb noch lange nicht. Im ersten Fall funkt es, im zweiten nicht. Kein Wunder, dass das Gesicht eines kleinen Mädchens aus Afrika mehr Spenden akquiriert als ein bloßer Text.

Auch in puncto Geben und Nehmen gibt es zum Thema Spiegelneuronen spannende Erkenntnisse. Offensichtlich reicht bereits ein Geber aus, um eine Gruppe von Nehmern von der nachhaltigen Macht des Gebens zu überzeugen. Denn: Geben ist ansteckend (vgl. Grant 2013: 337 ff.).

Spiegelneuronen haben damit das Potenzial, die Lebensaufgabe einer guten Balance zwischen Nähe und Distanz zu lösen. Wenn Sie Vertrauen in Ihre Mitarbeiter haben, wird dieses Vertrauen zu Selbstvertrauen. Das Vertrauen ins sich selbst wird im nächsten Schritt zu Ihnen zurückgespiegelt, wodurch Sie wiederum mehr Vertrauen in Ihr Gegenüber bekommen. Im übertragenen Sinn vertrauen Sie sich mittels Ihrer Spiegelneuronen quasi selbst, wenn Sie Vertrauen in andere haben. Sie sind fair zu sich selbst, wenn Sie fair zu anderen sind. Sie fördern die Authentizität anderer und geben sich damit selbst die Chance, authentisch zu sein. Sie fördern den Respekt, Optimismus und die Gelassenheit anderer und damit wiederum Ihre(n) eigene(n).

Da diese Abläufe in unserem Gehirn rasend schnell vonstattengehen, könnten wir befürchten, unseren Spiegelneuronen, unseren Emotionen und damit der Manipulation geschickter Mitarbeiter hoffnungslos ausgeliefert zu sein. In der Tat hat man festgestellt, dass Entscheidungen oftmals bereits unbewusst im Gehirn getroffen wurden, bevor uns dies bewusst wird (vgl. Damasio 1998: 285 ff.). Daher gehen Gehirnforscher davon aus, dass wir in Wirklichkeit keinen freien Willen haben. Doch die Wahrnehmung eines Gefühls ist die eine Sache. Die tatsächliche Handlung danach die andere. Neurowissenschaftler sprechen deshalb nicht nur von einem nicht vorhandenen freien Willen, sondern auch von einem freien Unwillen (vgl. Iacoboni 2009: 164 ff.). Bevor wir handeln, können wir immer noch innerlich Nein sagen. Um dieses Neinsagen zu unterstützen, ist es wichtig, sich über die eigenen Grenzen des Gebens, der Gelassenheit, des Respekts, der Fairness, der Transparenz und Authentizität und des Vertrauens mithilfe von Skalen oder Gegenpolen Gedanken zu machen.

3.4 In der Ruhe liegt die Kraft

Früher galt Gelassenheit als zentraler Faktor gegen Stress. Heute gilt Gelassenheit als Grundvoraussetzung für beinahe alles:

Wenn Sie Golf, Tennis oder eine andere Sportart spielen, bei der Sie sich konzentrieren müssen, wissen Sie, wie wichtig es ist, kurz vor dem Abschlag in sich zu gehen und den sich aufdrängenden Stress dort zu lassen, wo er hingehört. Mit Gelassenheit meine ich keine Tiefenentspannung, sondern eine Haltung, bei der sich Entspannung und die Konzentration auf eine Aufgabe die Waage halten.

In Entscheidungen gibt es Phasen loser Kreativität sowie Phasen der endgültigen Festlegung. Beide Male ist es hilfreich, sich von sozialen Erwünschtheiten freizumachen und kurz vor der Entscheidung seine Intuition zu aktivieren. Gelassenheit hilft Ihnen, Abstand zu nehmen und darauf zu horchen, was Ihr Bauch zu sagen hat (außer es ist 12 Uhr Mittag). Immerhin hatten die größten Erfinder von Aristoteles bis Einstein ihre besten Ideen, wenn sie nach einer langen Phase des Forschens in der Badewanne oder vor dem Feuer eingeschlafen sind. Daher sollte Gelassenheit ein Pflichtfach in jeder Schule sein. Kinder, Studenten und Mitarbeiter versagen in Prüfungen und anderen Krisenmomenten nicht aufgrund ihres mangelhaften Wissens, sondern weil ihnen unter Stress der Zugang zu cleveren und umsichtigen Reaktionen versagt bleibt.

In Konflikten ist es ebenso unerlässlich, mit Ruhe an die Sache heranzugehen. Hier braucht es zur Gelassenheit den Gegenpol der Ernsthaftigkeit (vgl. Schulz von Thun 1989: 38 ff.), um dem Gegenüber eine ernsthafte Auseinandersetzung zu signalisieren. Ohne Gelassenheit ziehen unsere Spiegelneuronen an Drähten, die schnell überreizt werden. Unsere Spiegelneuronen spiegeln die Emotionen anderer wider. Sie liefern uns die neurobiologische Grundlage für Mitgefühl. In Konflikten spiegeln sie das wider, was da ist. In diesem Falle sind dies Wut und Enttäuschung. Wenn Sie einem empörten Mitarbeiter gegenüberstehen, der sich nicht scheut, gegen Sie Anschuldigungen zu erheben, ist es schwer, die Empörung des Mitarbeiters, die funktechnisch auf Sie überspringt, von Ihrem eigenen, schnell aufsteigenden Ärger zu trennen. Oftmals hilft hier nur eine Vertagung des Konfliktgesprächs, um einen neuen, sachlicheren Start anzupeilen.

Selbstregulation

In engem Zusammenhang mit Gelassenheit steht die Selbstkontrolle aus dem großen Komplex von Daniel Golemans emotionaler Intelligenz (vgl. Goleman 1999: 93 ff.). Dabei ist Selbstkontrolle oder -regulation wichtig, um automatisiert ablaufende Stressmuster gar nicht erst aufkommen zu lassen.

Der Valins-Effekt besagt, dass wir unter Stress als Erstes eine unspezifische Erregung oder Überraschung empfinden. Die Muskeln werden angespannt, die Atmung wird schneller und flacher. Das Gehirn bekommt das Signal: »Da ist etwas im Anmarsch. Sei gefälligst gestresst!« Gestresst sein in diesem Sinne heißt: bereit sein. Niemand weiß, was passiert. Also ist eine Gewehr-bei-Fuß-Haltung sicherlich hilfreich.

Wenn eine Selbstverstärkung im Sinne eines kognitiven ›Ja, du solltest wirklich wütend werden!‹ einsetzt, führt dies zu einer weiteren Verstärkung der körperlichen Stress-Reaktionen. Und damit ist der Teufelskreis perfekt! So banal es klingt, aber um diesen Automatismus zu unterbrechen, reicht es meist, drei bis fünf Mal tief ein- und auszuatmen. Der Körper bekommt damit ein Signal der Ruhe.

Um dies zu testen, atmen Sie drei bis fünf Mal ruhig ein und aus. Atmen Sie dabei ein wenig tiefer und langsamer als sonst und konzentrieren Sie sich dabei auf das nach und nach ansteigende Ruhegefühl. Wenn Sie nun zu sich sagen: »Meine Güte, bin ich gestresst!«, merken Sie, wie sehr Ihr Empfinden diesem Ausspruch widerspricht.

Gelassenheit in den Arbeitsalltag integrieren   TIPP
Achten Sie vor jeder Entscheidung und vor jedem Konfliktgespräch darauf, ein paar Mal tief ein- und auszuatmen. Wenn das nicht reicht, versuchen Sie einen Abstand von der Situation oder dem Thema zu gewinnen, zum Beispiel durch eine kurze Tee-Pause. Paradoxerweise werden Sie bessere Entscheidungen treffen, wenn Sie sich nicht (weiter) mit dem Thema beschäftigen.

Was können Sie als Führungskraft konkret tun, um gelassener mit stressigen Situationen umzugehen:

Trainieren Sie Ihren Gelassenheitsmuskel

Meditation oder Atemübungen bauen langfristig im Gehirn eine Art Puffer auf, der Sie auch in kritischen Situationen entspannt bleiben lässt.

Bereiten sie sich auf stressige Situationen vor

Eine gute Vorbereitung, zum Beispiel durch die mentale Simulation verschiedener Möglichkeiten im Rahmen eines Mitarbeitergesprächs, hilft Ihnen, auf verschiedene Eventualitäten gewappnet zu sein.

Reagieren Sie gelassen, aber schnell

In stressigen Gesprächen ist es schwierig, den Raum zu verlassen und joggend Stresshormone abzubauen. Hier braucht es andere Methoden, die meist sprachlicher Natur sind: Nachfragen, das Einnehmen einer Metaposition, positives Denken, ein Aussprechen dessen, worüber ich gerade nachdenke oder ein Spiegeln der Aussage meines Gegenübers. All dies kann Ihnen genügend Zeit für eine tiefere Betrachtung und Lösung des Problems verschaffen.

Motivations-Faktor: 7/10

Gelassenheit führt in erster Linie zu einer inneren Zufriedenheit. Zusätzlich erscheinen im entspannten Zustand viele Aufgaben um einiges leichter. Es werden eher die positiven Seiten und Möglichkeiten gesehen, anstatt sich an Fehlern und Risiken festzubeißen. Genau diese Gelassenheit benötigen Sie, um auszuhalten, dass Mitarbeiter Zeit brauchen, um dazuzulernen, anders zu reagieren und eigene Wege zu gehen. Eigene Wege, die nicht unbedingt schlechter sein müssen.

Daher wirkt sich Gelassenheit durchaus über eine 5 hinaus auf die eigene Motivation aus.

Auf der anderen Seite wirkt sich die persönliche Gelassenheit auf die Stimmung im Team und die mentale Verfassung einzelner Mitarbeiter durchweg positiv aus. Die Mitarbeiter merken, dass Sie Fehler machen dürfen, ohne postwendend an der nächsten Wand zu landen. Es entstehen freie Räume für Ideen und Kreativität. Dies macht sie mutiger und risikofreudiger. Sie bekommen Selbstvertrauen und damit steigt auch ihre Motivation.

3.5 Lösungsorientierter Optimismus

Unsere Welt ist negativ geprägt. Wer interessiert sich schon für die Banalitäten des Alltags? Die kennen wir selbst zur Genüge. Dasselbe passiert in Unternehmen: Wen interessiert es, wenn es keine Probleme gibt (vgl. Malik 2002: 115 f.)? Sicher: Herausragende Leistungen werden honoriert. Aber der ganz normale Alltag?

Doch wenn ein Fehler auftaucht? Wenn es Probleme gibt? Dann müssen wir eingreifen. Dann muss sich etwas verändern.

Dieses Denken erscheint zwar plausibel, führt allerdings dazu, negative Aspekte stärker zu beachten als positive.

Demgegenüber steht das lösungsorientierte Denken, das in zwei Richtungen gehen kann: Persönlichkeit und Prozesse.

Die persönlichkeitsorientierte Richtung betont die Stärken und Kompetenzen einer Person, anstatt sich nur mit deren Fehlern und Schwächen zu beschäftigen. Eine Fokussierung auf Schwächen führt bestenfalls zu deren Ausmerzung. Die Konzentration auf vorhandene Stärken führt zu Höchstleistungen.

Doch wie lassen sich die Stärken der Mitarbeiter finden? Ein weitverbreiteter Irrtum legt das Augenmerk darauf, zu untersuchen, was Menschen Spaß macht. Ein viel besserer Ansatz besteht darin, zu erforschen, was einem Mitarbeiter leichtfällt. Arbeit muss nicht immer Spaß machen. Und Spaß muss nicht immer etwas mit Arbeit zu tun haben. Das, was einem Menschen leichtfällt hingegen, lässt deutliche Rückschlüsse auf Begabungen zu.

Zum anderen bezieht sich ein lösungsorientierter Optimismus auf Prozesse, die im Sinne einer stetigen Verbesserung niemals abgeschlossen sind. Anstatt den Blick auf Probleme zu richten, geht es um die Frage, was besser gemacht werden kann. Es gilt, nach Lösungen und Chancen in Krisen zu suchen (vgl. Malik 2002: 153 f.).

Dies ist nicht zu verwechseln mit positivem Denken. Damit allein lässt sich kein Blumentopf gewinnen, wenn die Grundlage fehlt. Warum ist unser Geld wert, was es wert ist? Weil es auf der anderen Seite Goldreserven und vermutete Produktionsleistungen gibt. Doch wenn die Zukunftsprognosen einer Firma düster ausfallen, fallen die Aktien derselben ebenso schnell in den Keller, wie sie zuvor gestiegen sind.

Zudem erhöht falsch verstandenes positives Denken den Druck, einem positiv-erdachten Bild zu entsprechen. Ein Krebspatient, dem es trotz positivem Denken schlechter geht, kann sich nur selbst verurteilen: Da hast du wohl nicht positiv genug gedacht! Ein Mitarbeiter, dem trotz Feuereifer nichts gelingen mag, scheitert doppelt. Hier verstellt das positive Denken den Blick auf Kritik und macht damit eine Aufarbeitung unmöglich. Ein naives ›Das wird schon klappen‹ macht blind für eine kreative Auseinandersetzung mit Schwierigkeiten.

Positives denken darf folglich nicht banal, sondern muss klar, greifbar und eindeutig sein. Es braucht (positive) Ausnahmen von der (negativen) Regel. Anstatt auf Fehler zu fokussieren, sollten Sie lernen, darauf zu achten, wann **keine** Fehler auftauchen und welche Schlüsse daraus zu ziehen sind.

Beispiel: Umgang mit Fehlern im Rahmen eines Mitarbeitergesprächs (Führungskraft = FK, Mitarbeiter = MA)

FK: »Wie, wo oder wann klappt es besser? Beziehungsweise wann tauchen weniger Fehler auf?«

MA: »Wenn ich so überlege, ... wenn ich mit dem Kollegen Weber zusammenarbeite. Oder wenn ich absolute Ruhe habe.«

FK: »Was ist da anders oder was machen Sie anders?«

MA: »Nun ja. Der Kollege Weber redet weniger. Und wenn ich allein bin, habe ich weniger Zeitdruck. Das entspannt mich. Damit bin ich auch konzentrierter.«

FK: »Wie könnten Sie es schaffen, auch im Verbund mit anderen Kollegen weniger Fehler zu machen?«

MA: »Vielleicht sollte ich lernen, mich besser abzugrenzen, auch mal Nein zu sagen oder den Kollegen Gruber zu bitten, sein Radio auszumachen.«

FK: »Was davon lässt sich am leichtesten umsetzen?« ...

TIPP

Eine einfache Blaupause für lösungsorientierte Gespräche
Auch wenn die Realität glücklicherweise immer ein paar Überraschungen für uns bereithält, bleiben die typischen Fragen in einem lösungsorientierten Gespräch vorhanden: Welche Bedingungen gibt es, damit es besser läuft? Was machen Sie da anders? Könnten Sie davon mehr machen? Wenn ja: Würden Sie es auch tun?

Motivations-Faktor: 10/10

Vor allem in stressigen Situationen haben wir einen negativ-geprägten Blick auf die Welt. Warum dies so ist, liegt auf der Hand: Wenn etwas funktioniert, ist es nicht nötig, zu intervenieren. Doch wenn etwas nicht so läuft, wie wir uns das dachten, müssen wir gegensteuern. Die Folge: Wir entwickeln uns stetig weiter. Die negative Seite: Wir verlieren das Positive aus dem Blick. Wenn wir nur das ansprechen, was nicht funktioniert, kann dies zu einer Fehlerfixierung, Problemtrancen oder -teufelskreisen führen:

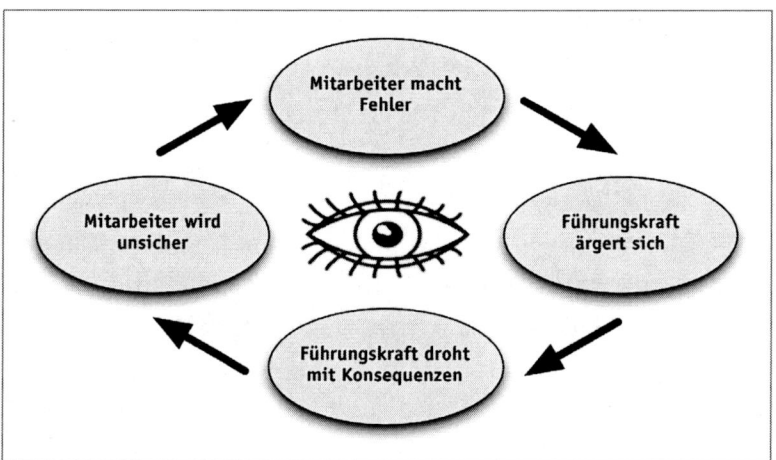

Fehlerteufelskreis der Demotivation

Mittendrin im Auge des Sturms besteht die Gefahr, den Blick für Auswege zu verlieren. Daher ist es wichtig, diesen Demotivationsteufelskreis mit einer guten Portion Optimismus zu durchbrechen.

Die Folge für sich selbst ist ein deutlicher Motivationsschub. Optimismus findet immer wieder die Ausnahmen, die möglich machen, was zuvor unmöglich erschien. Ebenso ermuntert er Mitarbeiter dazu, Auswege aus verfahrenen Situationen zu finden. Aus Stagnation und Frustration werden Motivation, Engagement und Begeisterung.

3.6 Transparenz und Authentizität

Ein Zauberwort geistert durch den Führungs-Dschungel: Transparenz über alles!

Schnell gesagt, aber schwer umgesetzt. So mancher Unternehmer verstörte schon seine Mitarbeiter mit übertriebener Offenheit. Stellen Sie sich vor, Sie wären ein durchschnittlicher Mitarbeiter, der sich nach den letzten Berichten diverser Pleite-Unternehmen auch um seinen eigenen Arbeitsplatz sorgt. Ist es in dieser Phase sinnvoll, die kompletten Vermögensverhältnisse des Unternehmens offenzulegen? Hier wird mit Zahlen operiert, die Mitarbeiter oft gar nicht überblicken können. Es gibt Abgänge in Millionenhöhe und anschließende Konsolidierungen. So manche Transparenz würde die Belegschaft mehr verwirren als Klarheit in die Sache bringen.

Sicher: Manche Mitarbeiter interessieren sich für größere Zusammenhänge. Sie wollen informiert werden und damit an den Erfolgen (und Misserfolgen) des Unternehmens teilnehmen. Andere Mitarbeiter werden von ihrer täglichen Arbeit so absorbiert, dass wenig Zeit, Energie oder auch die Lust für einen Blick über den Tellerrand bleibt. Sie wären überfordert von zu vielen, für ihre konkrete Arbeit irrelevanten Informationen.

Um hier zu einer guten Führungs-Balance zu finden, leistet uns eine Balance zwischen Transparenz und Verantwortung (vgl. Schulz von Thun 1989: 38 ff.) gute Dienste:

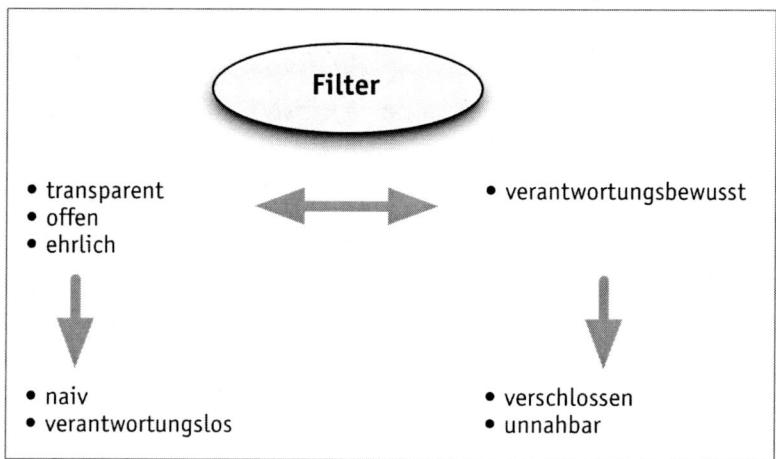

Transparenz versus Verantwortung

Transparenz erscheint notwendig, damit Mitarbeiter Vertrauen in ihre Führung haben. Offenheit und Ehrlichkeit haben aber auch Schattenseiten. Hier stellt sich nicht die Frage nach einer hundertprozentigen Transparenz oder im Gegenteil einer vollkommenen Verschlossenheit, sondern vielmehr nach der richtigen Dosis und den Bereichen dieser Offenheit.

Es wäre fatal, große Unternehmensentscheidungen komplett transparent zu machen. In der besten aller Welten kann dies von allen Mitarbeitern verdaut werden. Die Regel wird es nicht sein.

Beispiel: Falsche Baustelle
Der Chef eines kleinen Unternehmens, das Bodenproben für private und öffentliche Bauherren untersucht, informierte sein Team in einer Dienstbesprechung über die anstehende Beschaffung eines neuen Dienstwagens. Das Team ging davon aus, dass es bei der Besorgung mitbestimmen

kann und arbeitete ohne konkreten Auftrag an einer Checkliste. Nachdem der Chef ein gutes Angebot bekam, kaufte er nach zwei Wochen einen neuen Wagen, der mit der Checkliste nur bedingt übereinstimmte.

Was hier schieflief: Dass der Chef seine Entscheidung ohne Rücksprache traf, geht vollkommen in Ordnung. Dafür ist er schließlich der oberste Entscheidungsträger und damit verantwortlich für die Finanzen. Allerdings führte seine unklare Aussage zur Verwirrung im Team. Eine klare, transparente Aussage nach dem Motto ›Ich will euch nur informieren‹ wäre für eine gute Stimmung im Team zielführender gewesen.

TIPP

Information oder Mitsprache?
Insbesondere in Teamsitzungen ist es essenziell, pure Information und die Aufforderung zur aktiven Mitsprache und Mitentscheidung zu trennen.

Doch wie schaut es mit persönlichen Unsicherheiten auf der Führungsseite aus? Sollten Mitarbeiter wissen, ob ihr Chef in der ein oder anderen Situation unsicher ist? Damit sind wir bei einem Begriff angekommen, der vielen Führungskräften unter den Nägeln brennt: **Authentizität!** Als Frage formuliert: Kann ich es mir erlauben, eigene Unsicherheiten zu zeigen? Oder muss ich dies sogar tun, damit mich meine Mitarbeiter langfristig besser einschätzen können?

Meine These dazu lautet: Keine Führung macht Sinn, wenn sie nicht authentisch ist.

Authentizität um jeden Preis? Dem kann kaum zugestimmt werden, wenn wir an so manche Chef-Choleriker alten Schlags denken. Authentisch bis in die Haarspitzen und bisweilen auch erfolgreich. Solange, bis sie auf eine modern orientierte Riege von Mitarbeitern stoßen, die vehement ihr Mitspracherecht einklagt. Der Verweis auf ein ›Ich bin aber doch authentisch‹ wird kaum zur Lösung der aufziehenden Konflikte führen.

Doch wenn Sie an Ihre eigenen Lieblingsführungskräfte denken, nehmen wir die Mentoren oder Lehrer, die Sie in Ihrem Leben hatten, werden sich dort viele tummeln, die etwas Knackiges, Direktes, Klares, Authentisches hatten. Führung auf Weichspülerniveau funktioniert also auch nicht.

Die Führungskraft als Kümmerer und Fürsorger erscheint zwar humanistisch und auf der Höhe der Zeit – ist aber kaum produktiv und bringt weder der Führungskraft etwas: »Mich stört es, dass Kollege Müller häufig zu spät kommt, aber wie bringe ich ihm das so bei, dass er es annehmen kann?« ... noch fördert es die Weiterentwicklung des Kollegen Müller.

Das folgende Wertequadrat verdeutlicht, dass auch hier eine Balance anzustreben ist:

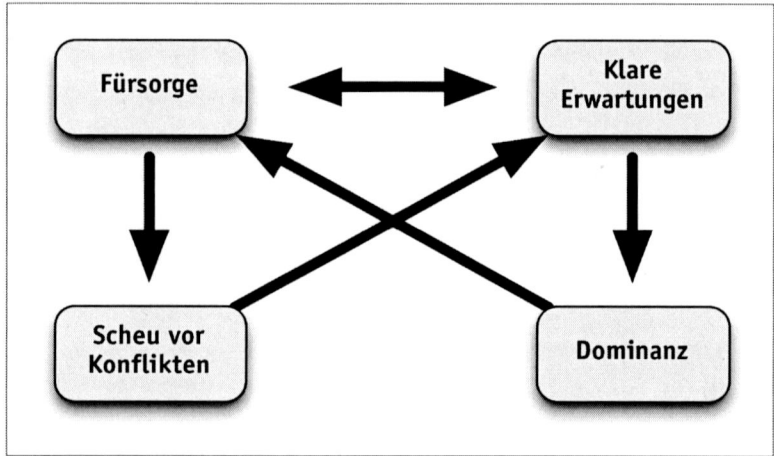

Balance zwischen Fürsorge und Erwartungen

Ohne seinen Gegenpart gerät Fürsorge oder klare Linie zu einer negativen Ausprägung. Nur mit einem guten Gegenpart schaffen Sie es, die innere Balance zu halten, ohne sich verbiegen zu müssen.

Wie könnte ein gesunder authentischer Egoismus aussehen?
Stellen Sie sich vor, Sie wären Projektleiterin. Zur Erfüllung Ihres Auftrags brauchen Sie Mitdenker und Mitstreiter(!), die Ihnen helfen, diesen zufriedenstellend zu erledigen. Ob dies in klaren Abmachungen und Dienstbeschreibungen festgehalten wird oder nicht. Fakt ist: Es gibt klare gegenseitige Erwartungen. Auf der einen Seite die Erwartungen an die Führung nach klaren Anweisungen oder Freiraum. Auf der anderen Seite die Erwartungen nach Zuverlässigkeit und Engagement. Diese Er-

wartungen müssen offen ausgesprochen und eingeklagt werden. Dies erachte ich als gesunden, transparenten Egoismus.

Authentische Personen, authentische Rollen

Eine weitere Herangehensweise an das Thema Authentizität ist das Denken in Rollen. Natürlich verfügt jeder von uns über eine Grundpersönlichkeit, gekennzeichnet durch Motive, Interessen, Werte und Bedürfnisse. Doch in unterschiedlichen Situationen sind wir fähig oder gefordert, in verschiedene Rollen zu schlüpfen, Rollen, die Sie bereits im Abschnitt *Die Führungskraft als Antreiber*, Seite 78ff. kennenlernt haben.

Was bedeutet dies für unsere Authentizität?

Ein Verhalten, das in einer Situation authentisch ist, kann in einer anderen komplett unauthentisch erscheinen. Als Coach sind Sie gefordert zuzuhören. Als Antreiber sollten Sie Druck machen. Und manchmal müssen Sie innerhalb weniger Minuten von einer Rolle zur nächsten wechseln. Dies mag von außen betrachtet wechselhaft oder unehrlich erscheinen. Verschiedene Aufgaben erfordern es jedoch, diese Sprünge vorzunehmen.

Damit bedeutet Authentizität, sich seiner Rollen bewusst zu sein und bewusst die Entscheidung zu treffen, welche Rolle wann passend ist, mit allen Konsequenzen, die sich daraus ergeben. Zusätzlich ist es hilfreich, diesen inneren Prozess für Mitarbeiter transparent zu machen: »In meiner Rolle als Antreiber muss ich Ihnen leider sagen, dass wir um einiges schneller werden müssen.«

Beispiel: Echte Kellner

Ist es unehrlich, wenn ein Kellner in dem Moment, in dem er an unseren Tisch kommt, ein Lächeln auf seine Lippen zaubert? Ist es das wirklich? Sollte er nicht in seiner Rolle einer bestimmten Erwartungshaltung entsprechen? Wäre es angemessen, nicht zu lächeln? Ist es realistisch, dass er die ganze Zeit über wirklich und wahrhaftig fröhlich ist? Sicher, ein Kellner, der seinen Job liebt und die ganze Zeit über das gesamte Gesicht strahlt, wird am Abend mit mehr Trinkgeld nach Hause gehen als ein temporär lächelnder Kellner. Aber ist es fair, einem Kellner vorzuwerfen, seiner Rolle entsprechen zu wollen, auch wenn er keine Frohnatur ist?

Emotionen zeigen

Authentisch zu sein heißt, Emotionen in einer angemessenen Dosis im Falle erfüllter oder unerfüllter Erwartungen zu zeigen. Was anderes sind Emotionen, wenn nicht die Bewertungen aufgrund einer Aufgabenerfüllung? Eine Regel im Konfliktmanagement lautet: Trenne deine Wahrnehmung von deiner Bewertung. Die Aussage ›Ein Mitarbeiter erfüllt eine Aufgabe nur unzureichend‹ enthält im Wesentlichen eine Bewertung. Sie haben an die Erfüllung einer Aufgabe persönliche Maßstäbe angelegt, die nicht erfüllt wurden. Die Wahrnehmung, dass die vorbereitete Präsentation aus nur zehn Seiten besteht, obwohl Sie zwanzig erwartet hatten, steht auf einem anderen Blatt und wird leider seltener ausgesprochen als die pure Bewertung.

Die Bandbreite der Emotionen vor oder nach einer Aufgabenerfüllung ist weit: Sie könnten neugierig auf das Endergebnis sein. Sie könnten im Hinblick auf verschiedene Hindernisse Bedenken haben. Sind könnten optimistisch oder pessimistisch sein. Und am Ende könnten Sie enttäuscht, begeistert, stolz, erleichtert oder zufrieden sein.

Um ein differenzierteres Bild zu bekommen, bietet es sich wiederum an, mit Skalen von 1 bis 10 zu arbeiten und sich zu fragen: Was habe ich auf einer Skala von 1 bis 10 erwartet und wie zufrieden bin ich mit dem Endergebnis?

Auf eine Emotion möchte ich noch gesondert eingehen: Befürchtungen, Bedenken und Ängste. Leichte Befürchtungen erhöhen bekanntermaßen kurzfristig die Leistungsfähigkeit, während starke Ängste die Leistungs- und Denkfähigkeit vor allem langfristig immens senken beziehungsweise zu Fehlern führen (vgl. Seidel 2004: 48 ff.). Leichte Befürchtungen helfen, fokussierter an eine Aufgabe heranzugehen und stärker auf Detailfragen und Fehler zu achten.

Starke Ängste jedoch behindern die Konzentrationsfähigkeit. Hier ist es wichtig, auf die Stärken und Kompetenzen eines Mitarbeiters zu fokussieren.

Kritik muss folglich nicht als Bedrohung verstanden werden, sondern kann durchaus zur Motivationsgestaltung genutzt werden. Allerdings wird diese im Berufsalltag häufig nach dem Schwarzer-Peter-Prinzip eingesetzt: Wenn das Kind in den Brunnen gefallen ist, wird der Schwarze Peter solange nach unten weitergegeben, bis es entweder nicht mehr weitergeht oder sich ein Mitarbeiter den Schuh des Anstoßes bereitwillig anzieht und sich für alle anderen opfert.

Wenn es absehbar ist, dass sich ein Prozess ungünstig entwickelt und ein Mitarbeiter seine Bedenken kundtut, bekommt er diesbezüglich eine Maulsperre.

Es wäre wünschenswert, Bedenken und Befürchtungen als Vor-Sicht einen angemessenen Raum zu geben, um das Schwarze-Peter-Spiel erst gar nicht aufkommen zu lassen. Damit bekäme das Gefühl der Angst seine ursprüngliche Funktion zurück, die Funktion, Informationen zu liefern.

Danke-Feedback

Ein Seminarteilnehmer des Mediators und Begründers der Gewaltfreien Kommunikation Marshall B. Rosenberg kam nach einem Seminar auf diesen zu und meinte: »Marshall, you are great!«

Rosenberg erwiderte darauf trocken: »Doesn't help!«

Nachdem diese Rückmeldung seinen Teilnehmer doch ein wenig verstörte, hakte Rosenberg nach: »Was habe ich getan, um dir dein Leben zu erleichtern? Welches Bedürfnis konnte ich bei dir befriedigen, damit du dich jetzt wohler fühlst?« (Vgl. Rosenberg 2008)

Was lernen wir aus dieser kleinen Episode? Wir sind nicht nur gute Partner oder Führungskräfte. Wir sind gut, weil wir etwas Bestimmtes tun, das anderen hilft, besser mit ihren Aufgaben zurechtzukommen.

Nach dieser Lesart unterstützt eine gute Führungskraft seine Mitarbeiter mit Anweisungen, Anleitungen oder Rückmeldungen, damit diese sich sicherer fühlen, Klarheit in einem Prozessablauf gewinnen, sich beteiligt fühlen oder ihre Ideen einbringen können. Die Unterstützung erfüllt folglich die individuellen Bedürfnisse der Mitarbeiter. Auf der anderen Seite befähigt sie aber auch die Mitarbeiter dazu, Aufgaben so zu erfüllen, dass die Bedürfnisse der Führungskraft nach Zuverlässigkeit und Leistung ebenso erfüllt werden.

Damit wird deutlich, dass auch Mitarbeiter etwas zu geben haben, was Ihnen Ihre Arbeit erleichtert. Auch Mitarbeiter haben etwas zu bieten, das Ihren Bedürfnissen nach hoher Qualität, langfristigen Kundenbindungen, Kreativität oder Arbeitsentlastung zupasskommt.

Würde es da Sinn machen, einem Mitarbeiter nur für seine gute Leistung oder das fristgerechte Bearbeiten einer Aufgabe zu loben. Ist es nicht sinnvoller, einen Schritt weiterzudenken und dem Mitarbeiter für die Erleichterung Ihrer Arbeit zu danken?

Ich höre Sie schon raunen: Wie soll das aussehen? ›Danke, dass Sie Ihre Arbeit machen?‹ Sie haben recht: Ein solcher Satz klingt paradox. Ihre Mitarbeiter werden denken, Sie wären auf einem Trip oder hätten am Wochenende ein seltsames Kommunikationstraining besucht.

Um eines klarzumachen: Ohne ein echtes Fundament ist ein Danke haltlos. Doch Bedürfnisse sind faktisch vorhanden und bringen uns auf den Boden der Realität zurück. Hier geht es nicht um ein bloßes Danke-Schulterklopfen und alles wird gut, sondern ...

- um einen klaren Rahmen, in dem Führung stattfindet.
- klare Rollenbeschreibungen und Aufgaben, was eine Führungskraft tun sollte und wie die Aufgaben eines Mitarbeiters aussehen.
- klare Ziele und beiderseitige Erwartungen.

- eine subjektiv-objektive Einschätzung (auch wenn wir manchmal denken, wir würden objektiv entscheiden, ist es immer noch unsere subjektive Meinung, dies zu tun), ob die Ziele erreicht wurden oder nicht.
- Einschätzungen, was falsch lief, welche wiederum in einem gegenseitigen Feedbackgespräch aufgearbeitet werden sollten.

Zu einem solchen Feedbackgespräch gehört die Aufarbeitung der eigenen Rollen und Aufgaben. Hier passen Fragen wie:

- Was haben Sie von mir bekommen, konnten es jedoch nicht adäquat nutzen (zum Beispiel Freiräume)?
- Was hätten Sie gebraucht (zum Beispiel Sinnvermittlung)?
- Womit habe ich Ihre Arbeit behindert (zum Beispiel zu viel Kontrolle)?
- Womit konnte ich Ihnen helfen, gute Leistungen zu vollbringen und wäre es sinnvoll, wenn ich Ihnen davon mehr geben würde (zum Beispiel Vertrauen oder Ablaufpläne)?

Stellen Sie sich vor, das Engagement Ihres Gegenübers half Ihnen, mehr Vertrauen zu haben und weniger kontrollieren zu müssen. Damit haben Sie eine Menge Zeit gespart und werden auch in Zukunft Zeit sparen. Keine Anrufe mehr nach Dienstschluss. Kein kleinliches Zehn-Mal-am-Tag-Nachhaken, um sicherzugehen, dass ein wichtiger Kunde begeistert ist. Damit erfüllte der Mitarbeiter mindestens eines der essenziellen Bedürfnisse von Ihnen nach Sicherheit, Klarheit, Verlässlichkeit oder Qualität.

Ein Danke-Feedback könnte kurz und knapp lauten: »Super, dass ich mich auf Sie verlassen kann.«

Sie merken, dass es auf das Danke oder die Aussprache des Bedürfnisses nicht unbedingt ankommt. Wichtig ist vielmehr eine Danke-Haltung, die auch über die Körpersprache transportiert wird.

Ein Danke-Feedback kann aus den folgenden drei Komponenten bestehen:

1. Einem persönlichen Bedürfnis der Führungskraft (Arbeitserleichterung, Leistung, Qualität), das durch eine Gefühlsäußerung (erleichtert, entspannt, zufrieden) ausgedrückt wird,
2. einer Handlung des Mitarbeiters, die dieses Bedürfnis befriedigte sowie
3. einem Ausdruck des Danks für diese Bedürfnisbefriedigung, um die Komponenten 1 und 2 miteinander zu verbinden. Dieser Ausdruck kann, wie gesagt, implizit oder explizit enthalten sein. Manchmal reicht ein Nicken, um dies auszudrücken.

Sie merken: Danke-Feedbacks sind eine durchaus egoistische Angelegenheit. Sie loben den Mitarbeiter nicht für seine gute Arbeit, sondern danken ihm dafür, dass er Sie mit seiner Arbeit entlastet.

Dabei werde ich immer wieder gefragt: Ist Lob nicht motivierender? Zu Beginn ja! Doch nach und nach, vor allem, wenn es keinen direkten Bezug zu einer Handlung des Mitarbeiters hat, nutzt sich ein Lob sehr schnell ab (vgl. Roth 2008: 256).

Wenn wir uns überlegen, wie unsere impliziten Maßstäbe einer guten Arbeit aussehen, bekommt diese egozentrische Vorgehensweise einen sehr logischen Anstrich: Unser Maßstab sind immer wir selbst. Wir bewerten unsere Mitarbeiter aufgrund unseres eigenen Perfektionsdrangs, unserer Zuverlässigkeit, unserer Pünktlichkeit oder unserer Aufopferungsbereitschaft für das Unternehmen. Ist es nicht das Logischste auf der Welt, diese Wertung auch bewusst als Feedback zu nutzen?

Wenn Sie diesen Maßstab anlegen, schließt sich zudem der Kreis zwischen Ihren Bedürfnissen und den Bedürfnissen Ihrer Mitarbeiter. Der Effekt: Sowohl die Bedürfnisse auf der einen wie auf der anderen Seite als auch die gegenseitigen Erwartungen an Rollen und Aufgabenerfüllung werden zunehmend klarer.

Damit wissen beide Parteien, was die Gegenseite braucht, und sie können frei entscheiden, ob sie bereit sind, dies zu geben. Wenn nicht, sollten sie jedoch bereit sein, den entsprechenden Preis zu zahlen.

Im besten Fall führt dies dazu, Ziele besser und schneller zu erreichen. Im schlechtesten Fall herrscht zumindest Klarheit darüber, warum die Ziele nicht erreicht wurden.

Genau dies sollten Feedbackgespräche leisten: Klarheit schaffen, Hindernisse aus dem Weg räumen und Verbesserungen anbahnen.

Danke-Feedbacks und Spielräume

Trotz Egoismus des Danke-Feedbacks werden Mitarbeiter nicht geknebelt. Sie führen im Gegenteil zu größeren zukünftigen Spielräumen in der Aufgabenerfüllung. Als Führungskraft bekennen Sie klar Farbe: »Ich bereite gerade eine Tagung vor. Da ich weiß, dass Sie ein gewisses Händchen in Organisationsfragen haben, erwarte ich mir gerade von Ihnen eine hilfreiche Unterstützung.«

Wenn wir eine solche Aussage den herkömmlichen Anweisungen wie »Ich erwarte von Ihnen, dass Sie mir bei der Organisation der kommenden Tagung helfen« gegenüberstellen, wird deutlich: Aussage Nummer 1 ist klarer und ehrlicher. Sie erwähnen, dass Sie Hilfe benötigen und betonen das Talent Ihres Mitarbeiters. Damit zeigen Sie, dass die Wahl dieses Mitarbeiters nicht willkürlich ist. So weit, so motivationsfördernd. Dabei ist dennoch eine Menge Druck vorhanden. Wo bleiben also die erwähnten Spielräume?

Das, wofür Sie sich später bedanken können, liegt nicht in der Art und Weise, wie etwas, sondern dass es erledigt wurde.

Beispiel: Tagungsvorbereitung
Sie werden sich kaum dafür bedanken, dass Ihr Mitarbeiter am Montagmorgen um 9 Uhr den Catering-Service angerufen hat und am Telefon die gesamte Bestellliste durchging. Es wird Ihnen egal sein, ob der Catering-Service Lieferschwierigkeiten hatte, worauf Ihr Mitarbeiter einen anderen Service beauftragte, um dieses drohende Desaster zu verhindern. Wofür Sie sich bedanken können und sollten, ist die Tatsache, dass trotz all dieser Schwierigkeiten am Ende aufgrund des Organisationstalents Ihres Mitarbeiters dennoch alles geklappt hat.

Damit wird deutlich, dass ein Danke-Feedback auf Bedürfnisse abzielt: auf Bedürfnisse nach Verlässlichkeit, Qualität oder Pünktlichkeit. Ob Ihr Mitarbeiter diese Verlässlichkeit dadurch erreicht, den Catering-Service

Nummer 1 mit der Peitsche anzutreiben oder zu einem anderen Service zu wechseln, ist dabei unerheblich. Es geht einzig und allein um das Ergebnis. Diese Ergebnisorientierung eröffnet Ihrem Mitarbeiter Freiräume, neue Wege auszuprobieren.

Oder gibt es eine größere Ehrlichkeit als die, seine glasklaren Erwartungen mit allen Konsequenzen einer Erfüllung oder Nicht-Erfüllung auszusprechen?

Der Einsatz von Danke-Feedbacks erfordert allerdings ein fundiertes Wissen über die eigenen Bedürfnisse. Diese Tatsache macht deren Handhabe zu Beginn langwieriger. Mit der Zeit werden sie dafür umso nachhaltiger wirken und sind zudem universell, das heißt mitarbeiterunabhängig, einsetzbar.

TIPP **Welche Bedürfnisse sind Ihnen am wichtigsten und welche Erwartungen sind damit verbunden? Eine gute Brainstormingmethode dazu ist die ABC-Liste von Vera Birkenbihl (vgl. Birkenbihl 2004: S. 21f). Erstellen Sie dazu eine Doppel-Liste von A bis Z (siehe Tabelle unten) und benutzen jeden Buchstaben des ABC als Anfangsbuchstaben zu einem Bedürfnis und einer Erwartung.**

Meine Bedürfnisse (bei der Arbeit)	Meine Erwartungen (an Mitarbeiter)
Akzeptanz	**A**ufmerksamkeit
(etwas) **B**esonderes leisten	**B**ildung
Chaosvermeidung	**C**ommitment
...	...

Beispiel für eine ABC-Liste nach Vera Birkenbihl

Beispiel: A wie Akzeptanz und C wie Chaosvermeidung auf der Bedürfnisseite. A wie Aufmerksamkeit und B wie (Weiter-) Bildung auf der Erwartungsseite.

Gibt es Bedürfnisse, die sich gut mit Erwartungen vereinbaren lassen? Wie lautet die Top 10 Ihrer Bedürfnisse beziehungsweise Erwartungen?

Motivations-Faktor: 6/8

Eine gut dosierte Transparenz und Offenheit führt langfristig zu einer starken persönlichen Entlastung. Das Gebiet geheimer Entscheidungen wird kleiner, und Sie holen sich gezielt Mitstreiter in Ihr Entscheidungsboot. Gleichzeitig verschiebt sich die Verantwortlichkeit durch die gezielte Aussprache von Erwartungen mit einem Danke-Feedback in Richtung Mitarbeiter. Transparenz wird Sie mindestens zufriedener machen. Ihre Mitarbeiter werden vor allem durch die übertragenen, transparent gemachten Erwartungen einen großen Motivationsschub bekommen.

3.7 Wirkungsorientierung

Bei allem, was Führungskräfte tun, sollten sie sowohl die Wirkung ihres eigenen Tuns als auch die Wirkung des Tuns anderer im Blick haben (vgl. Malik 2002: 73).

Ein Fachexperte kann sehr wohl im eigenen Tun aufgehen. Er muss sich sogar im eigenen Flow verlieren, um kreative Ergebnisse zu erzielen. Doch der Fachexperte ist nur für sich und seinen begrenzten Arbeitsbereich zuständig. Für einen kreativen Fluss wäre der Gesamtüberblick sogar hinderlich. Eine Sicht der Konsequenzen in ihrer Gesamtheit kann er meist nicht vorhersehen, da nur seine Führungskraft über alle Kontakte zu Kunden, Kollegen und Vorgesetzten verfügt und das Gesamtbudget im Blick hat.

Der Unterschied zwischen Absicht und Wirkung

Auch die besten Absichten können ihre Wirkung verfehlen. Durch die Unterscheidung zwischen Absicht und Wirkung haben Führungskräfte eine ideale Gesprächsmethode in der Hand, um im Falle einer Wirkungsverfehlung die guten Absichten des Mitarbeiters wertzuschätzen und zu loben, jedoch mit einem Blick auf die Folgen einen anderen Weg zu fordern.

Wenn ein Mitarbeiter einen Kunden in bester Callcenter-Manier so lange bedrängt, bis dieser entnervt das Weite sucht, war die Absicht des Mitarbeiters mit Sicherheit löblich: Er wollte mehr Produkte verkaufen. Die Wirkung war leider verheerend. Folglich muss darüber gesprochen werden, was zukünftig anders gemacht werden kann.

Beispiel: Der übervorsichtige Mitarbeiter

Mancher Mitarbeiter denkt sich nicht viel dabei, wenn er hundertfach nachfragt, wie und wo diese Akte abzulegen ist. Dies kann zuverlässig wirken. Entlastend für Sie als Führungskraft ist es nicht. Sie können dem Mitarbeiter dafür danken, Sie stetig auf dem Laufenden zu halten. Zu einem kreativen Umgang mit Problemen oder einem selbstverantwortlichen Organisationsmanagement können Sie ihm kaum gratulieren. Wie heißt es so schön: Das Gegenteil von gut ist gut gemeint.

Warten Sie mit einer Beurteilung Ihres Mitarbeiters, bis Sie die Ergebnisse sehen. Dies erfordert Geduld, bietet jedoch enorme Entwicklungschancen aufseiten des Mitarbeiters und neue Erkenntnisse auf
Ihrer Seite.

Wenn andere Wege nach Rom führen

Eine wichtige Faustregel für Führungskräfte lautet: Das Was bestimmt
die Führungskraft – das Wie der Mitarbeiter. Wenn der Weg, den ein Mitarbeiter geht, unerwartet ist, das Ergebnis jedoch passt, kann ich als
Führungskraft noch einiges dazulernen über das Gehen anderer Wege.

Der Zweck heiligt nicht jedes Mittel. Wenn Sie es als Führungskraft
schaffen, dass ein Mitarbeiter nach Ihrem Sinne spurt, kann dies unterschiedliche Gründe haben: Ist er lediglich gehorsam, werden Sie früher
oder später einen Preis zahlen müssen. Tut er es bereitwillig, weil er
sich damit weiterentwickeln kann, steht der gemeinsame Erfolg auf festen Beinen.

Motivations-Faktor: 7/10

Wenn Sie als Führungskraft auf die Wirksamkeit eines Mitarbeiterverhal-
tens pochen, ist dies zwar Ihre genuine Aufgabe, kann sich jedoch sehr
demotivierend auf unsichere Mitarbeiter auswirken. Wenn Sie gleichzeitig die gute Absicht loben und erst in einem zweiten Schritt die
verfehlte Wirkung anmahnen, fällt Ihr Mitarbeiter nicht in das Motiva-
tionsloch des ›Wieder-mal-nicht-geschafft-Habens‹, sondern bekommt
deutliche Wertschätzungen für sein Bestreben bei einem gleichzeitigen
Aufzeigen neuer Wege, um seine Leistung zu steigern.

Die Wirkungsorientierung wird auch Ihre eigene Motivation in Richtung Effektivität und Effizienz steigern. Sie werden in Zukunft die wichtigen Hebel zu Veränderungen besser erkennen und sich nicht mit Nebensächlichkeiten aufhalten.

3.8 Respekt und Demut

Wenn Sie nicht nach dem Peter-Prinzip befördert wurden, werden Status und Prestige Bedürfnisse sein, denen Sie etwas abgewinnen. Den Stolz dahinter zu leugnen wäre naiv. Führungskräfte finden sich in aller Regel rechts oben in der Motiv-Landkarte. Doch Status und Macht sind das eine. Ein Gefühl der Verantwortung ist das andere. Lehrer, Pädagogen, Meister sowie alle Positionen, die Wissen, Kompetenzen und Fähigkeiten vermitteln, sollten Lust an Macht und Verantwortung haben. Es sollte Ihnen Spaß machen, andere zu führen und anzuleiten, mindestens solange, bis diese auf eigenen Beinen stehen.

Wenn der Anzuleitende wenig Engagement mitbringt, besteht die Gefahr, schnell in einen Teufelskreis aus Anschieben und Frustration zu geraten. Dabei stellt sich die Frage, ob es Ihr Job ist, einen demotivierten Mitarbeiter künstlich hochzuspritzen?

Wie könnte die Alternative aussehen?

Anstatt Ihre Aufgabe als Antreiber und Kontrolleur zu verstehen, könnten Sie sich als Kapitän eines Schiffs sehen, der mehr weiß als die anderen und damit auch mehr Verantwortung trägt. Und wie auf jedem guten Schiff gibt es Matrosen, die die Segel klarmachen, damit das Schiff hart am Wind fahren kann. Es gibt einen ersten Bootsmann, einen Steuermann, hoch kompetente Matrosen, aber auch einige Leichtmatrosen, die gerade mal das Deck schrubben können.

Sicherlich ist es ein tolles Gefühl, auf der Kommandobrücke zu stehen. Doch allein segeln können Sie dieses riesige Schiff nicht. Selbst wenn Sie wollten. Damit schwingen in diesem Stolz auf den eigenen Status auch Demut und Respekt vor den Muskeln Ihrer Matrosen mit.

Wenn es gut läuft, müssen Sie kaum etwas tun. Sie stehen an Deck, schauen mal grimmig wie Captain Ahab auf der Jagd nach Moby Dick und mal sanft, geben Befehle an Ihren ersten Bootsmann weiter, geben Anweisungen an den Steuermann und halten sich ansonsten zurück.

Was dabei von außen als Nicht-Handeln gesehen wird, bedeutet in Wirklichkeit eine Menge langfristiger Hintergrundarbeit.

Hier spiegelt sich der Respekt der Führungskraft vor dem vorhandenen und prozesshaft steigenden Wissen der Mitarbeiter wieder. Ein Respekt, der in der Demut gipfelt, nur im Team Erfolg zu haben.

Hier treffen wir wieder auf die Frage nach dem Positiven, nach dem, was da ist und funktioniert. Erinnern Sie sich an die verschiedenen Rollen aus dem Team-Management-System aus dem Abschnitt *Die Führungskraft als Antreiber* auf Seite 78ff. Wahrscheinlich kann sogar der blutjunge Azubi seinen Beitrag leisten, indem er in bester Columbo-Manier Prozesse hinterfragt und damit Veränderungen anstößt.

Beispiel: Vorbild Sportteams

Ein Team ist erfolgreich, weil es als Team funktioniert, nicht aufgrund der Einzelleistungen. Deshalb können manche teuer zusammengestellten Fußballteams als Team nicht funktionieren. Genaugenommen handelt es sich hier nicht um Teams, sondern um eine Ansammlung egozentrischer Helden, die erst lernen müssen, sich aufeinander einzulassen. So sind renommierte Fußballklubs Nationalmannschaften oft haushoch überlegen. Nicht umsonst werden im Eishockey gut eingespielte Blöcke anstatt einzelner Personen ausgewechselt.

Aus diesem Wissen heraus ist es wichtig, dass Teamerfolge dem Team gehören und nicht (nur) der Führungskraft (vgl. Malik 2002: 139). Auch wenn Führungskräfte, wie Fredmund Malik es nennt, ebenso ihren Beitrag zum Ganzen leisten (vgl. Malik 2002: 88), indem sie ...

- Visionen vorgeben und unermüdlich erläutern.
- Prozesse anstoßen und keine Scheu davor haben, sich mit Meinungen, Forderungen und Erwartungen unbeliebt zu machen.
- Prozesse, Ziele und Zusammenhänge im Blick haben, um in Krisenfällen gegenzusteuern.

Es bleibt die Demut, Ziele nicht allein erreichen zu können. Dies wirkt bei allem Druck nicht nur motivationsfördernd, sondern fördert auch die Verantwortungsfähigkeit der Mitarbeiter.

Einen Schritt weiter gedacht sollten Führungskräfte ihre Aufgabe darin sehen, Mitarbeiter vor ablenkenden Einflüssen zu schützen, damit diese genügend Freiraum haben, sich kreativ auszutoben. Auf unternehmerischer Ebene finden wir dieses Prinzip unter anderem bei 3M. Hier haben Mitarbeiter die Möglichkeit, 20 Prozent ihrer Arbeitszeit eigenen Projekten zu widmen.

Mithilfe der Demut, auch nur ein Mensch zu sein, bekommen Sie den Abstand, den Sie brauchen, um Prozesse zu moderieren und zu erkennen, welchen Mitarbeiter Sie wie einteilen sollten. Ab und an wird es nötig sein, einen Mittelstürmer nach vorne zu schicken, wenn gerade alle Stürmer krank sind. Nichtsdestotrotz bleibt der Mittelstürmer, was er ist. Er ist begabt und hat sich die letzten zehn Jahre auf diese Position spezialisiert. Sollte er umerzogen werden? Das macht keinen Sinn. Vereine kaufen schließlich auch keine Generalisten.

Im Rahmen einer Job-Rotation können andere Sichtweisen angeeignet werden. Die Erweiterung um neue Perspektiven hat jedoch weniger den Zweck einer Umerziehung, sondern vielmehr den Sinn, durch einen umfassenderen Gesamtüberblick im angestammten Bereich noch effizienter zu werden sowie durch ein besseres Verständnis der Arbeit anderer das Teamgefüge zu stärken. Damit wird wiederum auf Mitarbeiterseite die Demut geschult, auch nur ein Rädchen im großen Gefüge zu sein.

Verschaffen Sie sich Klarheit über Ihre Rolle im System
Nachdem Sie sich bereits im Abschnitt *Führungsrollen*, **Seite 77 ff., Gedanken über Ihre Rolle gemacht haben, ist es hilfreich, nun auch das System dazu zu betrachten: Wie sieht mein Anteil zum Ganzen aus? Was trage ich zur Stabilisierung und Weiterentwicklung des Systems bei? Wo trage ich zu viel bei und könnte Aufgaben abgeben? Was tragen meine Mitarbeiter zum Gelingen bei? Um dies herauszufinden, ist es sinnvoller zu fragen, was ein Mitarbeiter für Sie beziehungsweise das Unternehmen tut, anstatt nach Positionen zu fragen (vgl. Malik 2002: 89 ff.).**

Motivations-Faktor: 7/9

Respekt fungiert auf zwei Ebenen. Zum einen sorgt er dafür, die eigenen Grenzen zu erkennen. Hier gipfelt der Begriff des Respekts im Begriff der Demut. Dies entspannt und schützt vor übertriebenen Leistungsanforderungen, in diesem Fall an sich selbst. Auf der zweiten Ebene wirkt Respekt als soziales Schmiermittel: Der Respekt vor der Kompetenz und Leistung anderer fordert diese geradezu heraus und wirkt damit ähnlich wie das Vertrauen in die Kompetenzen anderer, was wir noch kennenlernen werden.

Der Respekt vor dem Wissen anderer hilft Ihnen, als Moderator das Optimale aus Ihren Mitarbeitern herauszuholen. Die daraus resultierende respektvolle Zurückhaltung führt zu einer Verantwortungslücke, die verantwortungsbewusste Mitarbeiter gern ausfüllen werden. Damit steht einem Motivationsschub der Mitarbeiter nichts mehr im Wege.

3.9 Echte Fairness

Es liegt in unserer Natur, uns mit anderen zu vergleichen. Wir vergleichen unsere Leistungen. Wir vergleichen Besitz, Kompetenzen oder auch unser Einkommen.

Vergleiche sind notwendig, um sich in der Welt zu verorten. Wenn Sie in einem Stadtteil leben, in dem alle um Sie herum teure Wagen fahren, werden Sie – sofern Sie es sich leisten können – mit dem Gedanken spielen, sich ein ähnliches Gefährt zuzulegen. Freilich gibt es Rebellen unter uns, die sich sagen: Ich definiere mich über das genaue Gegenteil der Masse. Die meisten unter uns orientieren sich jedoch lieber an der

Mehrheit. Immerhin sind Vergleiche ein wichtiger Regulator zur Psychohygiene, im Alltag wie auch im Unternehmen.

Beispiel: Wochenende

Es ist Freitag, 17 Uhr. Sie sind Projektleiter. Ihr gesamtes Team hat die Woche über gut gearbeitet und freut sich auf das verdiente Wochenende. In diesem Moment schneit eine Nachricht herein, die nahelegt, noch ein paar Stunden länger zu bleiben. Dies bedeutet voraussichtlich zwei Stunden hoch konzentriertes Arbeiten für das gesamte Team oder ein entsprechend längeres Arbeiten für einzelne Teammitglieder. Wie können Sie diese Nachricht Ihrem Team beibringen:

- *»Natürlich erwarte ich von euch, dass ihr mich unterstützt. Ich verstehe aber gut, wenn jemand früher heimgehen möchte. Ich bitte diejenigen, die jetzt gehen wollen, sich zu melden.«*
- *»Natürlich erwarte ich von euch, dass ihr mich unterstützt. Ich verstehe aber gut, wenn jemand früher heimgehen möchte. Daher habe ich mich dazu entschieden, nur mit denen zu arbeiten, die bleiben wollen. Wer dies tun will, soll sich melden.«*

Rein faktisch sind beide Aussagen gleich. Doch die Wirkung ist spürbar unterschiedlich. Im ersten Fall greift der Herdentrieb (vgl. Thaler/Sunstein 2011: 79 ff.). Niemand will als Spielverderber dastehen und die anderen im Stich lassen. Und da niemand weiß, wie die anderen reagieren, werden die meisten dableiben. Im zweiten Fall ist es viel leichter, sich gegen die Mehrarbeit zu entscheiden. Hier muss ich nichts weiter tun, als nichts zu tun. Nur die hoch motivierten werden sich melden. Alle anderen gehen nach Hause, wenn auch peinlich berührt.

Sollten Sie nur die hoch Motivierten ansprechen wollen, ist die zweite Variante die ideale Wahl. Wollen Sie möglichst alle ansprechen oder gar das Team stärken, bietet sich die erste Variante an. Aber Vorsicht: Das Team könnte sich manipuliert fühlen! Es könnte die Fragestellung Nummer 1 als unfair empfinden!

Fakt ist: Vergleiche zur Mehrheit finden andauernd statt und wirken für die meisten positiv motivierend. Daher liegt es nahe, im Unternehmen mit Ranglisten zu arbeiten. Da die Bedingungen zur Erreichung einer Leistung allerdings sehr unterschiedlich sind (fehlendes Wissen, fehlendes Können, mangelnde Ressourcen, fehlende Kontakte), macht es keinen Sinn, Zielerreichungen unabhängig von den persönlichen und systemischen Rahmenbedingungen zu belohnen oder zu bestrafen. Belohnungen müssen, wenn schon damit gearbeitet wird, individuell gestaltet werden, um wirklich motivierend zu sein. Eine Belohnung, die ohnehin kommt, weil alle sie bekommen, wirkt nicht motivierend. Eine Belohnung, die zu leicht oder zu schwer zu erreichen ist, ebenso. Nur auf die persönlichen Leistungen des Mitarbeiters abgestimmt, machen Belohnungen Sinn (Roth 2008: 257 f.). Zudem empfinden Mitarbeiter die größte Belohnung, persönlich am eigenen Erfolg zu wachsen. Die Aufgabe besteht also darin, sich als Führungskraft zu fragen: Wie schaffe ich es, meinem Mitarbeiter individuell das zu geben, was er benötigt, um Erfolg zu haben? Braucht er mehr Wissen? Will er sein Wissen und Können ausprobieren? Braucht er ein gutes Netzwerk und die richtigen Kontakte? Oder fehlen ihm Ressourcen, um durchstarten zu können? All dies sollte transparent in einem Mitarbeitergespräch erörtert werden.

Individuelle Belohnungen

Leiten Sie Ihre Mitarbeiter dazu an, sich nicht nur mit anderen zu vergleichen, sondern vor allem mit sich selbst.

Denken Sie an Ihre Kindheit zurück und stellen sich vor, Sie wären schlank und athletisch und würden im Hundertmeterlauf ohne große Anstrengung eine Eins bekommen. Was meinen Sie, wie hoch Ihre Motivation zur persönlichen Weiterentwicklung aussehen würde?

Stellen Sie sich nun vor, Sie wären dick und würden sich am bösen Ende der Notenskala tummeln. Auch wenn Sie sich noch so anstrengen: Sie werden es kaum auf eine Fünf geschweige denn eine Vier schaffen. Was meinen Sie, wie hoch Ihre Motivation wäre, sich doch noch zu verbessern?

Stellen Sie sich nun vor, Sie bekämen Noten nicht aufgrund Ihrer Schnelligkeit, sondern aufgrund Ihrer Herzfrequenz. Je mehr Sie sich anstrengen, desto besser wird Ihre Note. Wie motiviert wären Sie dann?

Dies bringt uns zu der Erkenntnis: Nur wenn ich mich mit mir selbst vergleiche und sich die Anstrengung lohnt, bin ich motiviert.

Noch einmal: Ist es fair, alle Mitarbeiter gleich zu behandeln?

Dies kommt auf die Definition von Fairness an. Wir können fair definieren als gleiche Boni oder Zuwendungen für alle. Natürlich sollte es Regeln der Gleichbehandlung für Fehlverhalten wie Unpünktlichkeit, mangelhafte Qualität oder Fehltage geben. Fair kann aber auch als bestmögliche, individuelle Förderung der Entwicklungschancen von

Mitarbeitern definiert werden (vgl. Pfläging 2008: 60 f.). Der kollektive Ansatz erscheint als Grundkonsens notwendig. Der individuelle ist motivationsfördernder.

TIPP **Fairness und Motivation**
Sprechen Sie mit Ihren Mitarbeitern offen über das Thema Fairness. Was empfinden diese als fair? Was sollte gleich behandelt werden und wo bieten sich individuelle Spielräume?

Motivations-Faktor: 5/10

Nicht krampfhaft fair sein zu müssen, kann enorm entspannen. Ob es allerdings motivationsfördernd auf Sie selbst wirkt, ist eine andere Frage.

Auf der anderen Seite wirkt sich echte individuelle Fairness auf die Mitarbeiter maximal motivationsfördernd aus. Mit sich selbst verglichen, motiviert echte Fairness die Mitarbeiter, sich im Rahmen ihrer Möglichkeiten Schritt für Schritt weiterzuentwickeln.

3.10 Vertrauen als Allzweckwaffe

Vertrauen steht auf der einen Seite – Wissen auf der anderen. Wenn Sie wissen, dass ein Mitarbeiter perfekt arbeitet, brauchen Sie kein Vertrauen. Doch was heißt schon wissen?

Wissen ist eine sehr begrenzte Ressource. Wissen Sie, ob Sie in fünf Jahren noch mit Ihrem Partner zusammen sein werden? Wissen Sie, ob Ihre Kinder trotz bester Voraussetzungen das Abitur schaffen werden? Wissen Sie, ob das nächste Projekt fristgerecht ablaufen wird?

Zumindest beim letzten Punkt werden Sie ziemlich sicher sein, dass dem nicht so ist. Ernsthaft: Wir glauben meist, etwas zu wissen. Wirklich wissen tun wir es in den seltensten Fällen. Selbst große wissenschaftliche Erkenntnisse haben solange Bestand, bis sie widerlegt werden.

In der Übertragung auf Unternehmen können Sie nach bestem, aber eben nicht hundertprozentigem Wissen die perfektesten Mitarbeiter einstellen. Und dennoch gibt es Momente, in denen einiges schieflaufen wird, da wir niemals alle Faktoren einer Situation miteinbeziehen können. Um diese Lücke zu füllen, braucht es Vertrauen.

Vertrauen ist folglich eine Notwendigkeit, um dort, wo Wissen fehlt, handlungssicher zu bleiben. Und dennoch bleibt Vertrauen eine wackelige Angelegenheit. Sie begeben sich in die Hände anderer. Sie begeben sich in Abhängigkeiten. Aus Vertrauen können Fehler entstehen. Doch wie heißt es so schön: Aus Fehlern wird man klug, drum ist einer nicht genug!

Vertrauen ist jedoch mehr als Glaube oder Hoffnung. Vertrauen in andere benötigt als Basis eine tragfähige Vertrauensgrundlage aus Erfahrungen, Gesprächen und persönlichen Einschätzungen. Andernfalls sprechen wir nicht von Vertrauen, sondern von Naivität. Wir brauchen also auch hier wieder eine Balance, dieses Mal zwischen Vertrauen und Kontrolle (siehe Abbildung auf Seite 146).

Beim Thema Führung spielt Vertrauen eine doppelseitige Rolle: Mitarbeiter vertrauen ihrer Führungskraft in puncto Fairness. Und Führungskräfte vertrauen ihren Mitarbeitern in puncto fristgerechter Aufgabenerfüllung. Dadurch wird langfristig das Selbstvertrauen der

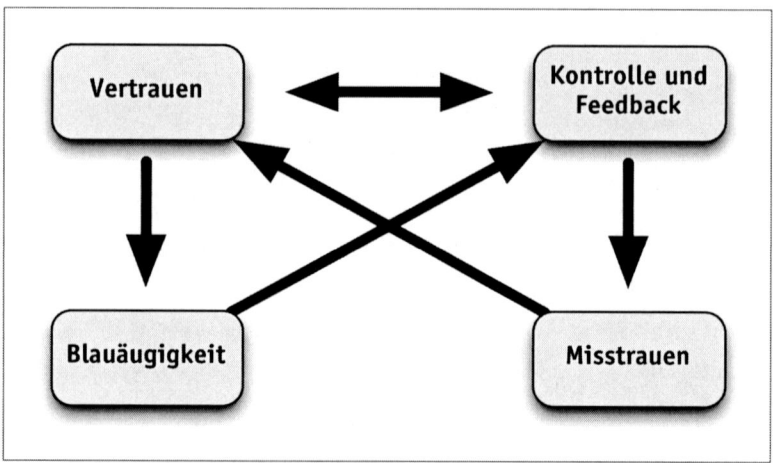

Balance zwischen Vertrauen und Kontrolle

Mitarbeiter gefördert. Dies führt zu mehr Verantwortungsübernahme der Mitarbeiter und mehr Vertrauen in den Mitarbeiter.

Vertrauen versus Kontrolle

Die zentrale Bedeutung der Bedürfnisse hatten wir ausführlich im Abschnitt *Danke-Feedback* auf Seite 126 kennengelernt. Auch beim Thema Vertrauen zeigt sich, wie wichtig Bedürfnisse sind. Gegenseitiges Vertrauen wirkt wie eine Allzweckwaffe zur vielfältigen Bedürfnisbefriedigung:

Der Vertraute bekommt die Sicherheit, dass sein Tun richtig und sinnhaft ist.

- Er erlebt die Freiheit, ohne übermäßigen Druck kreativ und gestalterisch frei zu sein.
- Er bekommt die Chance, autonome beziehungsweise teilautonome Entscheidungen zu treffen.

- Wem vertraut wird, der darf sich geehrt fühlen. Vertrauen befriedigt damit ein Bedürfnis nach sozialer Anerkennung und Akzeptanz.
- Der Vertrauende arbeitet langfristig an seinem Status, ein gutes verantwortungsvolles Team aufzubauen. Auch er kann bei Erfolg stolz auf seine Führungsleistung blicken.
- Die Selbstführung des Teams oder einzelner Mitarbeiter führt bei der Führungskraft zu Entspannung und der Möglichkeit, sich strukturierender Hintergrundarbeit zu widmen.

Dahingegen dient Kontrolle lediglich der Befriedigung unseres Sicherheitsbedürfnisses. Kreativität, Autonomie und Akzeptanz bleiben auf der Strecke.

Vertrauen spart Zeit
Zudem spielt der Faktor Zeit eine wichtige Rolle. Früher besiegelten Verhandlungspartner eine Abmachung per Handschlag. Heute sind für jeden Vertrag zwei Unterschriften nötig und vor mindestens einer steht ein Esellaut: i. A.!

Sicher ist es in unserer modernen Welt aus Regeln und Vertragsgeflechten nicht immer möglich, mit der Allzweckwaffe Vertrauen zu arbeiten. Zu drohend erscheint manchem das Damoklesschwert der Rechtfertigung. Und dennoch: Dort wo es möglich ist, sollte der Handschlag wieder Einkehr finden. Und sei es nur aus dem pragmatischen Grund der Zeitersparnis.

Die Alternative des Misstrauens sieht dagegen wenig berauschend aus. Misstrauen führt zu langatmigen und zeitaufwendigen Kontrollen. Führungskräfte können Aufgaben nicht loslassen. Sie telefonieren auch nach Dienstschluss dem Mitarbeiter hinterher, um sicherzugehen, dass Projekte zufriedenstellend abgeschlossen werden. Delegieren wird damit zu einer Farce.

Vertrauen ist eine Vorschussleistung

Als Führungskraft sollten Sie Mitarbeitern einen Vertrauensvorschuss geben. Dies macht Sie freilich verwundbar, wovor viele Führungskräfte zurückschrecken.

Wenn Sie als Führungskraft Mitarbeitern Vertrauen entgegenbringen, ergeben sich zwei Möglichkeiten. Sie können auf eine Bestätigung der gemeinsamen Einschätzung stoßen. Ihr Mitarbeiter ist voller Tatendrang und erwartet das nötige Vertrauen von Ihnen und die nötigen Freiräume, seine Ideen in die Tat umzusetzen. Dies spart eine Menge Zeit. Bildhaft können wir uns dabei zwei Tischtennisspieler vorstellen, die sich den Ball in einer irren Geschwindigkeit hin- und herspielen. Wenn Sie an ein eingespieltes Elternpaar, zwei alte Freunde, die auf der gleichen Wellenlänge sind, oder ein gutes Team denken, wissen Sie, was ich meine. Die gemeinsamen Erfahrungen führten zur Ausschüttung einer Menge Oxytozin, Bindung und Vertrauen. Die Spiegelneurone beider Parteien sind ideal aufeinander eingestellt. Näher an den Zustand hundertprozentigen Wissens voneinander heranzukommen, ist kaum möglich.

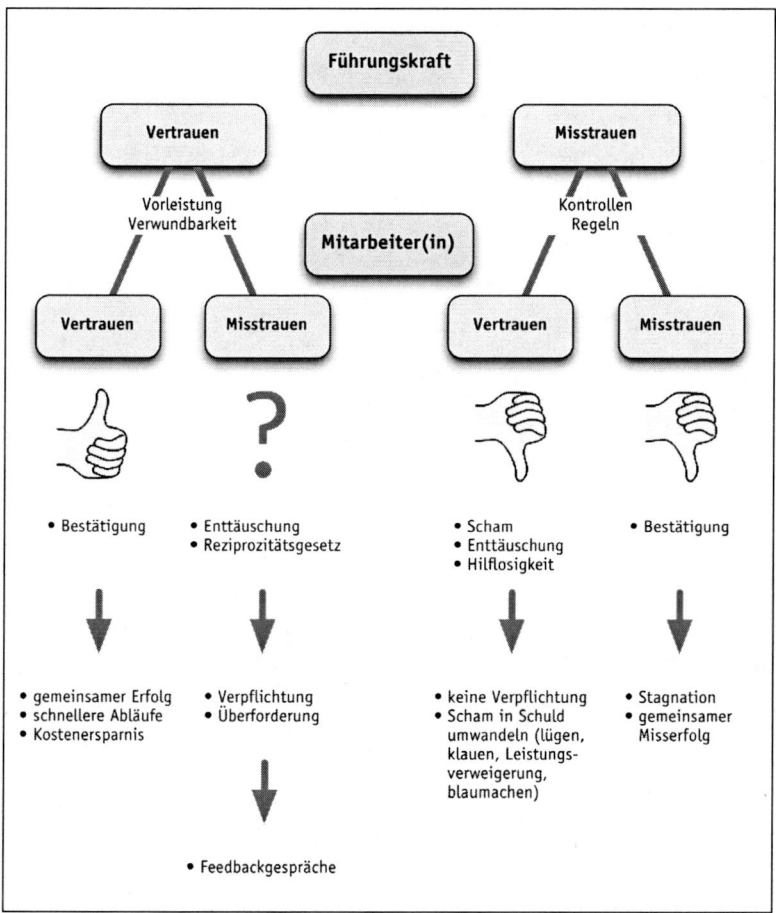

Vertrauen versus Misstrauen

Wenn Sie jedoch mit Ihrem Vertrauen auf einen Mitarbeiter stoßen, der es gewohnt ist, an der kurzen Leine gehalten zu werden, führt diese Enttäuschung bestenfalls dazu, dass sich Ihr Gegenüber geschmeichelt und verpflichtet fühlt, diese neue Verantwortung auszufüllen.

Jeder, der schon einmal einen Vertrauensvorschuss bekam – einen Kredit von einem Freund oder ein Buch bei eBay, das er erst später bezahlen musste – weiß um diesen Wiedergutmachungseffekt. Hier greift das Prinzip des Reziprozitätsgesetzes (vgl. Levine 2009: 100 ff.): Die wenigsten möchten mit der Last auf den Schultern leben, Vertrauen missbraucht und andere enttäuscht zu haben. Sie hätten Schuldgefühle.

Kann der Mitarbeiter die neue Rolle nicht ausfüllen, wird dies im Rahmen offener Feedbackgespräche geklärt. Beziehen Sie diesen Erwartungsbruch nicht auf sich. Denken Sie nicht hop oder top, sondern – lösungsfokussiert – in Stufen. Der Mitarbeiter ist nicht ungeeignet für seine neue Rolle, sondern weniger geeignet als erwartet. Es gilt herauszufinden, wozu er bereits fähig ist.

Die rechte Seite sieht weniger rosig aus. Hier ist in jedem Fall ein gemeinsamer Misserfolg vorprogrammiert. Die Bestätigung der gemeinsamen Erwartungen ist kaum erwähnenswert. Der Mitarbeiter erfährt das Misstrauen, das er bereits kennt. So hangeln sich die beiden Parteien von Kontrolle zu Kontrolle. Kreativität, freier Gestaltung und eigenen Ideen wird so von Anfang an ein Riegel vorgelegt.

Spannender als die Bestätigung ist wiederum das Aufeinandertreffen der Gegensätze. Der enttäuschte Mitarbeiter fühlt sich wie Kain, dessen Opfer Gott nicht annehmen wollte. Kain hatte sich zu weit aus dem Fenster gelehnt. Die Folge: Scham, die später in Schuld umgewandelt wurde. Da Gott ihn abwies, wollte er diesem Bild von sich nachträglich gerecht werden.

Der Totschlag Abels ist dabei nicht weit entfernt vom Verhalten eines Mitarbeiters, dessen Vorgesetzter ihm kein Jota Vertrauen entgegenbringt. Das Motto dazu kennen wir alle: Wenn der mir nichts zutraut, brauche ich mich auch nicht anzustrengen (vgl. Sprenger 1995: 179 ff.)!

Dies soll weder die eine noch die andere Reaktion entschuldigen, sondern lediglich die psychologischen Mechanismen verdeutlichen.

Fazit: Mit Misstrauen verlieren Sie immer. Mit Vertrauen besteht zumindest die Chance auf einen gemeinsamen Erfolg, wenn Sie die Tit-for-Tat-Regel aus Kapitel 1.1 *Sind Sie ein Geber, Tauscher oder Nehmer?* berücksichtigen: Wenn Ihr Vertrauen mutmaßlich missbraucht wird, sollten Sie die Zügel schnell enger ziehen. Nach einer Weile können diese wieder locker gelassen werden, um dem anderen eine zweite Chance zu geben. Damit verschiebt sich die Balance von Vertrauen in Richtung Kontrolle und später wieder zurück.

Bauen Sie Brücken! Überlegen Sie hierzu: Was brauchen Sie, um einem Mitarbeiter zu vertrauen?
Definieren Sie als Erstes die Zwischenzustände von 100 Prozent Vertrauen und bis zu 100 Prozent Misstrauen.

TIPP

		Was sollten Sie tun?	Was sollte Ihr Mitarbeiter tun?
10	Volles Vertrauen in den Mitarbeiter		
...			
1	Volle Kontrolle des Mitarbeiters		

Was bedeutet teilweises Vertrauen: Verantwortung für Teilbereiche, ein Projekt, zeitweise? Auf welcher Stufe lassen Sie den Mitarbeiter Bericht erstatten, wenn es Probleme gibt, ohne selbst nachzuhaken?

Was muss ein Mitarbeiter leisten, damit Sie ihm zeitweise, teilweise oder zu 100 Prozent vertrauen? Und was müssen Sie dafür tun?

Druck verhindert und erzeugt Fehler

Die größte Angst vor dem Vertrauen in Mitarbeiter ist die Angst vor Fehlern. Doch damit wird der Druck auf die Mitarbeiter, keine Fehler zu machen, nur größer. Die Angst vor Fehlern kann zu einer psychischen Verkrampfung führen und damit zu Fehlern, die sonst nicht passiert wären. In vielen Organisationen führt dies zu einer starken Risiko- und Verantwortungsvermeidung und einem defensiven Entscheidungsverhalten. Dabei sind Mitarbeiter aufgrund der erhöhten Wahrnehmung nach einem Fehler auch ohne Rüffel in der Regel konzentrierter bei der Sache.

Um eine Wiederholung des gleichen Fehlers zu verhindern, gibt es weitaus wirksamere Methoden. Wichtig ist vor allem die Analyse des Fehlers, um sein Zustandekommen und die Bedingungen der Fehler-Auftritts-Wahrscheinlichkeiten zu verstehen. Nur so lassen sich geeignete Gegenmaßnahmen einleiten. Voraussetzung ist jedoch, Fehler offen und ohne Rechtfertigungsreflexe zu besprechen.

Es ist in der Tat ein Fehler, Fehler zu bestrafen. Fehler sind unangenehm genug, jedenfalls für Menschen, die ihre Aufgabe ernst nehmen. Die Bestrafung von Fehlern erzeugt Angst vor Fehlern und fördert so die problematische Fixierung auf Fehler und deren Vermeidung. Im Alltag werden Sie sich kaum vornehmen, nicht gegen einen Baum zu fahren. Diese groteske Vorstellung führt mit einer höheren Wahrscheinlichkeit tatsächlich zu einer Bruchlandung an der nächsten Eiche.

Mit der lösungsorientierten Denkweise aus Kapitel 3.5 *Lösungsorientierter Optimismus* lassen sich solche Fehlerfixierungstrancen vermeiden. Auch wenn Unfälle analysiert werden müssen, fließt häufig zu viel Energie in die Aufarbeitung der Fehler und zu wenig in die drei Fragen:

- *»Wann passieren keine Fehler?«*
- *»Was machen wir da besser?«*
- *»Könnten wir davon mehr machen?«*

Dennoch: Der Ansatzpunkt bei Mitarbeitern, die nur auf Druck reagieren, sollte folglich nicht bei der Beschäftigung mit Fehlern stehen bleiben. Hier geht es um mehr. Das Problem geht wesentlich tiefer in Richtung Arbeitsethos des Mitarbeiters.

Vom Vertrauen zur Fehlerkultur

Als Führungskraft sollten Sie den ersten Schritt in Richtung Vertrauenskultur gehen. Wie könnte ein solcher Schritt aussehen?

Schauen wir uns einmal an, wie in Unternehmen mit Erfolgen und Misserfolgen umgegangen wird. Wenn Sie sich (nur) als Teil des Ganzen betrachten, wissen Sie, dass die Erfolge der Mitarbeiter Individual- und Teamerfolge sind, der Fairness wegen und um die Motivation aufrechtzuerhalten.

Bei Misserfolgen sollte das Gegenteil stattfinden. Führungskräfte sollten Ihr Team nach außen schützen (vgl. Malik 2002: 139). Schließlich ist es ihr Team und damit ihr Teil-Misserfolg. Wenn Führungskräfte diesen Rat nicht beherzigen, kommt es schnell zum Vertuschen von Fehlern, insbesondere, wenn es sich um sehr hierarchisch organisierte Unternehmen handelt und die Karriere von Fehlern abhängig ist.

Eine adäquate interne Fehleraufarbeitung versteht sich von selbst, sollte jedoch im Sinne eines ›Wie konnte dies passieren?‹ anstatt eines ›Wer war es?‹ ablaufen.

Damit wird deutlich, dass es vom Vertrauen zu einem angemessenen Umgang mit Fehlern nur ein Katzensprung ist. Wer Vertrauen schenkt, muss damit rechnen, dass Fehler gemacht werden. Dabei ist es faszinierend, wie viele spannende Erfindungen auf Fehler zurückgehen: Penicillin, Post-its, Teflon, Tesafilm, Brezeln, die Antibabypille, der Herzschrittmacher, die Mikrowelle oder Röntgenstrahlen, um nur die bekanntesten zu nennen.

Fehler sind nicht gleich Fehler, sondern bezeichnen zuallererst andere Wege. Konservativ gedacht führen andere Herangehensweisen zu ungewollten Vor- oder Unfällen. Progressiv gedacht können sie zu Neuerungen und Innovationen führen. In einer Misstrauenskultur werden nicht nur Fehler, sondern auch Innovationen verhindert.

Wenn wir Absicht und Wirkung unterscheiden, wird deutlich, dass die Absicht hinter einer Sanktionierung von Fehlern zwar löblich ist, das Ziel allerdings verfehlt wurde. In der Tat stellt sich die Frage, ob Sanktionen helfen, die Zahl und Schwere von Unfällen zu reduzieren? Oder ob Sanktionen nur einer Vertuschung von Fehlern dienen, diese jedoch anschließend wieder und wieder gemacht werden, da die Fehlerursachen keineswegs aufgearbeitet wurden.

In Hochrisikoberufen, in Krankenhäusern, bei der Feuerwehr, Bundeswehr oder Polizei ist die Angst vor den Folgen von Fehlern besonders groß. Hier geht es um Tod oder Leben, Gerichtsverfahren, das Sinken der eigenen Reputation oder disziplinarische Konsequenzen. Doch auch in anderen Unternehmen steht der gute Ruf auf dem Spiel. Kunden drohen, abzuwandern. Der eigene Arbeitsplatz ist gefährdet.

Diese Extremfälle betreffen die Spitze des Eisbergs. Nicht jeder Fehler endet in einer Kündigung, einer Anklage oder dem Verlust eines wichtigen Kunden.

Die Lösung: Unterscheiden Sie zwischen Unfall-Fehlern und Beinahe-Unfall-Fehlern ohne schwerwiegende Konsequenzen. Der Weg von einem Beinahe-Unfall zu einem Unfall mit drastischen Konsequenzen lässt sich dabei durch gute Kommunikation verhindern (vgl. Utler 2006: 125 ff.). Wenn Mitarbeiter sich trauen, Fehler anzusprechen, lassen sich in den meisten Fällen schwerwiegende Fehler bereits im Ansatz systemisch und lösungsorientiert bearbeiten.

Motivations-Faktor: 10/10

Vertrauen ist eines der Themen, das vielen Führungskräften am mächtigsten unter den Nägeln brennt. Leider ist es eines der am schwersten umsetzbaren Themen. Sie werden sich jedoch leichter tun, Vertrauen in andere zu haben, wenn Sie die sechs vorhergehenden Haltungen bereits verinnerlicht haben.

Dabei ist Vertrauen der Hebel, mit dem Sie es am sichersten schaffen, Mitarbeitern Selbstvertrauen zu geben und damit deren Selbstverantwortung zu forcieren.

Auf der anderen Seite bekommen Sie genügend Freiraum, um das zu tun, was Sie als Führungskraft tun sollten. Ihr Job besteht nicht darin, zu forschen und Detailarbeiten zu übernehmen. Sie sollten nicht pausenlos Ihre Mitarbeiter kontrollieren. Ihre Aufgabe besteht darin, als Schnittstelle zwischen Organisation und Mitarbeitern die Mission und Vision der Organisation zu vermitteln, auf Individual- und Teamebene herunterzubrechen und Mitarbeitern und Team den Freiraum zu verschaffen, diese strategischen Ziele erfolgreich umzusetzen.

3.11 Zusammenfassung und Empfehlungen

1. Gönnen Sie sich zusätzlich zu Ihren üblichen Pausen täglich mindestens zehn Minuten Ruhe mithilfe einer Entspannungsübung.
2. Suchen Sie sich einen besonders anstrengenden Mitarbeiter heraus und denken über dessen Stärken nach (Beispiel: Er kann sich gut vor Arbeit drücken). Manchmal kommen Sie durch ein solches Gedankenspiel zu paradoxen, aber nicht minder interessanten Ergebnissen.
3. Stellen Sie eine Doppel-Liste auf: Was sollten meine Mitarbeiter (von mir) wissen und was nicht? Warum ist dies so?
4. Wenn Sie an einen aktuellen Konflikt denken: Was war die Absicht Ihres Mitarbeiters und wie sah die Wirkung aus?

5. Suchen Sie sich ein Bild aus für Ihre Rolle und die Rollen Ihrer Mitarbeiter: Sind Sie ein Dompteur in der Manege, der ohne seine Löwen keinen Applaus bekäme? Oder Captain an Bord der Enterprise?
6. Entwickeln Sie fünf Kriterien für echte Fairness.
7. Definieren Sie, was Sie von einem Mitarbeiter benötigen, um Vertrauen in ihn zu haben.

Setzen Sie nicht alle sieben Haltungen auf einmal um. Überlegen Sie sich, in welchen Haltungen Sie schon kompetent sind und in welchen Sie noch einen größeren Bedarf haben. Picken Sie sich von den schwierigeren Haltungen zwei bis drei heraus und definieren, wo Sie dort auf einer Skala von 0 bis 10 stehen, wo Sie hin wollen und was der erste Schritt wäre. Mit den ersten Erfolgen wird auch Ihre Motivation steigen, die nächsten Schritte in Angriff zu nehmen.

KOMPAKT

Die Schlüssel zu mehr Mitbestimmung und Leistung

»Auch eine schwere Tür hat nur einen kleinen Schlüssel nötig.«

Charles Dickens, Autor

Reicht es, eine gute Haltung zu haben? Ist das nicht zu wenig?

Wenn die Ergebnisse stimmen, sicherlich! Doch was, wenn es Misserfolge gibt? Was, wenn Sie sich rechtfertigen müssen? Was, wenn Mitarbeiter trotz Gelassenheit, Lösungsorientierung und Feedback nicht mitziehen?

Dann sollten Sie den Kontakt aktiver und stärker forcieren, um die Motivation und Leistung Ihrer Mitarbeiter zu steigern. Schließlich wird es in den wenigsten Fällen ausreichen, sich im Falle eines Misserfolgs auf eine gute Haltung zu berufen.

Konkret geht es in diesem Kapitel um die Klärung folgender Fragen:
- Wie schaffen Sie es aktiv, die Demokratiefähigkeit und damit die Selbstverantwortung Ihrer Mitarbeiter zu fördern?
- Wie schaffen Sie es, die Kreativität engagierter Mitarbeiter noch weiter anzustacheln?
- Wie schaffen Sie es, übermotivierte Mitarbeiter auf den Boden der Tatsachen zurückzubringen?
- Wie schaffen Sie es, unsicheren Mitarbeitern die Sicherheit zu geben, kalkulierte Risiken einzugehen?

Auch hier werden wir uns den jeweiligen Motivations-Faktor ansehen.

4.1 Von Demokratiefähigkeit zur Motivation

Um den Realitäten verschiedener Personen und Situationen im Füh-
rungsbereich gerecht zu werden, gibt es schon seit gefühlten Urzei-
ten angepasste Führungsstile: Demokratisch für die fitten Mitarbeiter,
autoritativ für die fachlich unsicheren und karitativ für emotional unsichere Fälle:

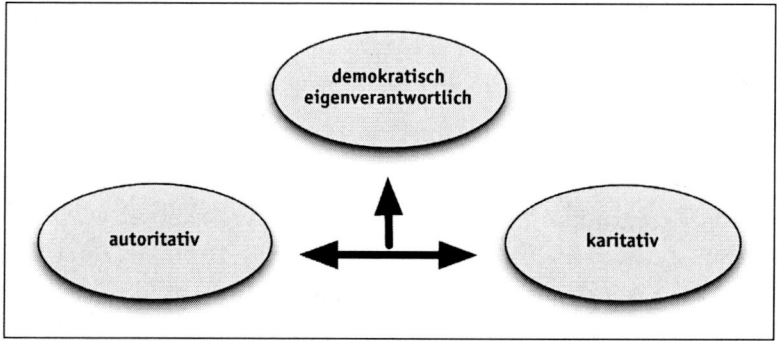

Führungsstile

Die Führungskraft als Mentor

Der patriarchalische oder autoritative Führungsstil eignet sich vor allem
im Umgang mit jungen und unerfahrenen Mitarbeitern (vgl. Mahlmann
2002: 13). Auf dem Weg zu einer reifen Persönlichkeit ist es hilfreich,
wenn junge Menschen einen Mentor oder eine Art Vaterfigur haben.
Dieses Prinzip macht sich Hollywood zunutze, wenn es sich Figuren wie
Obi- Wan Kenobi aus Star Wars ausdenkt. Ein solcher Mentor kann an
das Gewissen appellieren oder auch dem jungen Menschen Kompetenzen und Wissen aus seinem reichhaltigen Erfahrungsschatz mitgeben.

Wenn Sie an Lehrer denken, die Sie positiv in Erinnerung behalte haben, sind dies oft nicht die demokratischen, sondern diejenigen mit einer strengen, aber klaren Linie: nicht lehrbuchgemäß, aber echt und zuverlässig. Der Erfolg eines solchen Stils liegt auf der Hand: Schüler sind noch lange nicht ausgereift. Sie brauchen Orientierung und Halt. Sie brauchen jemanden, auf dessen Wort sie sich verlassen können. Mitbestimmung wäre schön. Essenzieller erscheint in dieser Phase eine Orientierung an Vorbildern.

Dabei ist es die Aufgabe von Mentoren, ihre Schüler auch an Grenzen zu bringen, die sie sonst nicht anpeilen würden. Nur so wachsen sie über sich hinaus.

Damit fördern Mentoren sowohl das Sicherheitsgefühl als auch dessen Motivation. Doch wie in jedem guten Film gibt es auch im echten Leben nach Jahren eines Mentor-Schützling-Verhältnisses Szenen eines Bruchs mit dem Mentor, erwachsen werden und Rebellion. Im Englischen gibt es dazu den schönen Spruch ›coming of age‹. Damit werden zwei Aspekte deutlich:

1. Führungskräfte sollten in ihren Plan mit einbeziehen, sich langfristig unnötig zu machen – Demut und Respekt par excellence. Ein dauerhaftes Mentoring führt in eine gegenseitige(!) Abhängigkeit. Wappnen Sie sich vor einer zu engen Bindung und akzeptieren Sie den Umstand, eines Tages nicht mehr gebraucht zu werden.
2. Manche Mitarbeiter benötigen lediglich eine gewisse Reife. Hier gilt es, nach und nach loszulassen. Andere brauchen dauerhaft ein wohlwollendes Händchen. Bei aller Akzeptanz dieser Tatsache

gilt es, die kleinen Fortschritte in der Selbstverantwortlichkeit solcher Mitarbeiter zu realisieren und zu fördern.

Die Führungskraft als Coach

Mentoren können aufgrund ihrer motivierenden Haltung sehr fordernd sein. Sollten Mitarbeiter jedoch beginnen, aufgrund einer inneren Krise an sich zu zweifeln, ist es angebracht, diese Störungen zu bearbeiten. Getreu dem Motto der Themenzentrierten Interaktion gilt: Störungen haben Vorrang.

Erst ein emotional stabilisierter Mitarbeiter wird anschließend wieder bereit sein, Leistung zu bringen. Sehen Sie daher die Krise nicht als hinderliche Störung, sondern als Chance, gemeinsam auf eine neue Stufe der Zusammenarbeit zu kommen. Die Haltungen aus Kapitel 3 *Mit dynamischen Haltungen in Beziehung treten,* Seite 97ff., werden Ihnen dabei helfen.

Die Führungskraft als Moderator

Was in der Abbildung Führungsstile auf Seite 161 als Gegensatz dargestellt ist, erscheint in Wirklichkeit alles andere als getrennt. Menschen wenden verschiedene Führungsstile oft intuitiv an. Als neue Leiterin einer Abteilung, deren Mitarbeiter Sie noch nicht kennen, werden Sie keinen Blumentopf mit dem ausschließlich einen oder anderen Stil gewinnen. Sollten Sie für alle ein offenes Ohr haben, ohne eine klare Position zu beziehen, gelten Sie schnell als Fähnchen im Wind. Sollten Sie nur nach Ihren eigenen Regeln handeln, ohne auf die Expertise Ihrer Kollegen zu hören, werden Sie schnell als engstirnig, eigensinnig und unnahbar abgestempelt.

Die Folge: Probleme werden zwar besprochen, nicht jedoch mit Ihnen. Fehler werden vertuscht. Und ein Kollege wird kurz oder lang damit beginnen, an Ihrem Stuhl zu sägen. Systemisch betrachtet sind diese beiden Stile aufs Engste miteinander verknüpft.

Als Moderator nehmen Sie eine neugierige Haltung ein, bilden sich dennoch Ihre Meinung und behalten damit den Überblick über die fachlichen Kompetenzen Ihrer Mitarbeiter und deren emotionalen Befindlichkeiten. Damit können Sie das nötige Vertrauen haben, nicht eingreifen zu müssen, auch wenn Sie es jederzeit könnten.

Auf dieser Basis aufbauend stellt sich die Frage, wie fit und wie motiviert Ihre Mitarbeiter sind? Welche Freiheiten können Sie ihnen temporär oder dauerhaft zur effektiven Nutzung überlassen?

Beispiel: Sternförmige Verantwortung

Vor einigen Jahren ließ ich in einem Workshop ein Team von acht Personen sich systemisch aufstellen. Das Ergebnis: Die Teamleitung stand in der Mitte und die Mitarbeiter positionierten sich sternförmig um sie herum. Der Clou an der Sache: Diese Aufstellung geschah in Abwesenheit der Teamleitung. Als diese eine Stunde später in die Gruppe kam und von der Aufstellung hörte, bekam sie spontan eine tiefe Abneigung gegen dieses Bild: »Ich sehe mich ganz und gar nicht (mehr) als das goldene Kalb, um das alle herumtanzen und möchte in Zukunft bei Standardthemen nicht mehr in CC gesetzt werden!«

Demokratie-Check für Ihr Team oder Unternehmen

	Ja	Nein
Ist Demokratie ein wünschenswerter Zustand in Ihrem Team oder Unternehmen?		
Sind Ihre Mitarbeiter fähig, die Perspektiven der Kollegen nachzuvollziehen?		
Sind Ihre Mitarbeiter mutig genug, Probleme anzusprechen? Sind sie mutig genug, Gegenmeinungen zu äußern und Ihre Meinung zu verteidigen?		
Können Ihre Mitarbeiter diskutieren statt debattieren? Können sie andere Meinungen aushalten und mit Kritik umgehen, ohne diese auf sich zu beziehen? Können sie Sache und Person trennen (vgl. Fisher/Uri/Patton 1996: 39 ff.)?		
Verstehen sich Ihre Mitarbeiter als echtes Team oder einzelne Inseln? Sehen sie trotz aller (gewinnbringenden) Unterschiede auch die gemeinsamen Ziele und Interessen (ebd: 68 ff.)?		
Sind Ihre Mitarbeiter bereit, gemeinsame Entscheidungen und deren Konsequenzen mitzutragen, vor allem wenn sie anderer Meinung sind?		

Und was können Sie persönlich in Ihrem Umfeld tun, dies zu fördern?

Demokratiefähigkeit und Verantwortungsbewusstsein

Mitbestimmung trägt essenziell zum Wohl- und Sicherheitsgefühl der meisten Mitarbeiter bei. Die aktive Beteiligung an Entscheidungsprozessen führt darüber hinaus zu einer Steigerung des Verantwortungsgefühls für die Abteilung, das Team und das gesamte Unternehmen.

Nachdenkliche Mitarbeiter werden langfristig an Entscheidungen beteiligt. Dominante Mitarbeiter bekommen die Möglichkeit, den Ton anzugeben. Einzig für extrem stimulanzorientierte Mitarbeiter kann Mitsprache ein Gräuel sein, da sie meist individuelle Kreativität Konsenslösungen vorziehen.

Dennoch bekommen die meisten das Gefühl, dass ihre Meinung einen Wert hat, das heißt respektvoll angehört wird und in die Entscheidungsfindung des Teams einfließt. Damit steigt natürlich auch der Kontakt im Team, denn was sind gemeinsame Diskussionen, Absprachen und Entscheidungen anders als Kontakt? Der Effekt: Die gegenseitige Einflussnahme und das Engagement eines jeden Mitarbeiters werden erhöht.

Wenn wir Demokratiefähigkeit und Motivation in Beziehung setzen, ergibt sich daraus ein Vier-Felder-Schema und entsprechende Handlungsableitungen:

	Motivation niedrig	Motivation hoch
Demokratiefähigkeit niedrig	Für zusammengewürfelte Teams ist dies der Normalfall. Setzen Sie eine Mischung aus karitativem und autoritativem Stil ein. Geben Sie eine klare Linie vor und haben Sie zugleich ein offenes Ohr für Probleme. Sobald Sie ein Teammitglied gefunden haben, das motivierter oder selbstverantwortlicher als andere ist, bauen Sie diesen Mitarbeiter gezielt als Stellvertreter mit Leuchtturmfunktion auf.	Lassen Sie Ihren Mitarbeitern viel Spielraum und geben Sie gleichzeitig klare Kommunikationsregeln zum Beispiel für Teamsitzungen vor, um die Demokratiefähigkeit zu schulen. Nutzen Sie dazu den Demokratie-Check und leiten konkrete Maßnahmen davon ab.
Demokratiefähigkeit hoch	Ihr Team besitzt alles, was es braucht, um sich selbst zu führen – tut es aber nicht. Haben Sie ein offenes Ohr für die Probleme vor allem einzelner Mitarbeiter. Woher kommt die Unzufriedenheit? Was können Sie selbst daran ändern? Liegt es am System oder an Ihnen? Oder sind einzelne Personen schlichtweg am falschen Platz und zerstören damit die Chemie des Teams?	Lehnen Sie sich zurück. Sie haben ein Dream-Team und in den letzten Jahren offensichtlich alles richtig gemacht.

Motivations-Faktor 10/10

Der Motivations-Faktor der Demokratiefähigkeit eines Teams oder von Einzelpersonen ist offensichtlich sehr hoch. Warum dies so ist, liegt auf der Hand: Die Mitarbeiter haben Freude daran, sich zu beteiligen und zu engagieren. Sie selbst können sich zurückziehen und in die essenziellen Aufgaben vertiefen, für die Sie eingestellt wurden: Visionieren, den Überblick behalten und anstehende Aufgaben optimal im Team verteilen.

4.2 Vom Engagement zur Kreativität

Da die Stimulanzorientierten im letzten Kapitel zu kurz kamen, kommen sie hier voll auf ihre Kosten. Denn hier geht es um nichts anderes als der kreativen Vertiefung und damit zu mehr Leistung in der Arbeit.

Zugegebenermaßen findet hier am wenigsten Kontakt zu den Mitarbeitern statt. Dafür spielen Verständnis, Bahnung und Loslassen eine wichtige Rolle.

Worum geht es? Wenn ein Mitarbeiter sich mit seinen Fähigkeiten und Kompetenzen in einer Situation befindet, in der genau diese Fähigkeiten gebraucht werden, bestehen die perfekten Grundlagen für ein Flow-Erleben (vgl. Csikszentmihalyi 2004: 63 ff.): Er arbeitet, ohne dies als Arbeit zu empfinden, effektiv, effizient, glücklich und zeitvergessen. Viele kennen dies von sich selbst bei künstlerischen oder sportlichen Betätigungen.

Um Flow-Erlebnisse zu fördern, gibt es fünf Hebel:

Hebel 1: Sinnstiftung forcieren

Wenn Mitarbeiter in ihrer persönlichen Arbeit Sinn, Wertigkeit und Bedeutung erkennen, steigen auch deren Motivation und Kreativität.

Wenn wir an Schreibtischtätigkeiten, Fließbandarbeit oder Ähnliches denken, wird der Sinn nicht auf dem Silbertablett präsentiert. Und manche Projekte verlieren ihren Sinn wie die Scheibchen einer Wurst, indem sie nach und nach durch Gremien gejagt werden. Das Darben der Motivation ist so kaum verwunderlich.

Ihre Aufgabe als Führungskraft ist es, Ihren Mitarbeitern den Ur-Sinn ihrer Arbeit (wieder) nahezubringen. Sollten Ihre Mitarbeiter nur die operativen Ziele kennen, ist es sinnvoll, ihnen in Teilen auch die strategische und normative Zielebene zu vermitteln. Dort finden wir Leitbilder, Visionen und die Mission des Unternehmens (vgl. Bleicher 1991: 73 ff.). Wenn Sie es schaffen, eine Verwaltungstätigkeit als Mittel zu einem höheren Zweck im Sinne des Dienstleistungsgedankens zu vermitteln, haben Sie eine Menge gewonnen.

Beispiel: Persönliche Mottos
Die meisten Mitarbeiter haben ein Motto, das die Auffassung ihrer Arbeit gut beschreibt. Ein Beispiel: »Alle Kunden sollen gleich behandelt werden« oder »Bei uns soll sich jeder wohlfühlen«. Dahinter liegen unterschiedliche Bilder von Kunden sowie die persönliche Arbeitsauffassung. Hinter einem Gleichbehandlungsleitsatz steht ein Bild von klaren Regeln zum Umgang mit Mitarbeitern oder Kunden. Für Ausnahmen ist hier wenig Raum. Der Grundsatz des Wohlgefühls ist prädestiniert für Ausnah-

men. Insofern wird ein Mitarbeiter mit Wohlfühlansatz seinen Arbeitssinn in der Erfüllung der Wünsche aller Kunden sehen, auch wenn diese noch so individuell und abstrus sind.

Erfragen Sie die Mottos Ihrer Mitarbeiter
Fragen Sie nach den Mottos Ihrer Mitarbeiter. Diese wirken sich unbewusst auf Entscheidungen und Motivationslagen aus.

Hebel 2: Fähigkeiten und Anforderungen ausbalancieren

Die Grafik auf Seite 171 verdeutlicht, wie wichtig die Übereinstimmung von Anforderungen und Fähigkeiten ist. Durch gezieltes Coaching, fachlichen Rat, Fortbildungen oder die Verteilung von Ressourcen ergibt sich auf Mitarbeiterseite das Gefühl, sich auf die eigenen Fähigkeiten verlassen zu können.

Führungskräfte sind aufgefordert, nach dem optimalen Einsatz der Mitarbeiter zu suchen, damit weder Über- noch Unterforderungen stattfinden.

Sollte eine Aufgabe langfristig nicht passen, gilt der Spruch ›Love it, change it or leave it‹: Liebe deine Aufgaben, verändere, was nicht passt, oder such dir etwas, in dem du besser bist!

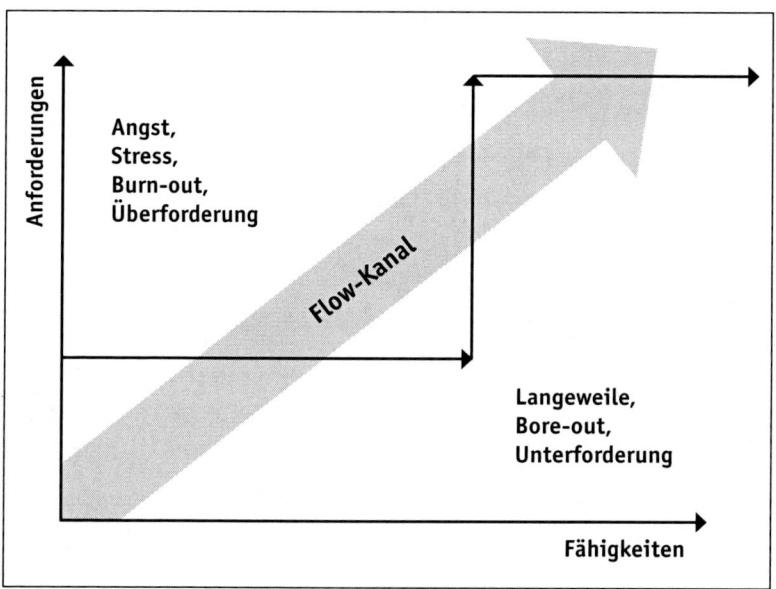

Anforderungen

Angst,
Stress,
Burn-out,
Überforderung

Flow-Kanal

Langeweile,
Bore-out,
Unterforderung

Fähigkeiten

Das Flow-Prinzip (nach Csikszentmihalyi)

Der Anpassungseffekt

Unsichere Mitarbeiter haben eher Schwierigkeiten mit komplexen Aufgaben. Brechen Sie diese Aufgaben in möglichst kleine Teile herunter. Nach und nach wird sich der Mitarbeiter einarbeiten und an die Komplexität anpassen.

Auch bei selbstsicheren Mitarbeitern kann der Anpassungseffekt eintreten. Allerdings wird es diesen schnell langweilig, wenn eine Aufgabe zu wenig komplex ist oder wenn sie schon lange mit einer Tätigkeit beschäftigt sind. Sie brauchen folglich neue Herausforderungen im Sinne eines Job-Enrichments oder -Enlargements.

TIPP

Hebel 3: Klare Ziele und Leistungsdefinitionen kommunizieren

Die Sinnhaftigkeit einer Aufgabe ist eng mit den persönlichen und unternehmerischen Werten verbunden. Dieser Sinn lässt sich auf der operativen Ebene in konkrete Ziele und Aufgaben herunterbrechen. Auch wenn Sinn und Werte oft so unscharf sind wie die Maximen einer Qualitätspolitik, sollten die aus dem Abschnitt *Individuelle Menschen, individuelle Ziele* (Seite 32f.) bekannten ›Strategischen Ziele‹ und Leistungserwartungen klar formuliert werden, um Orientierung zu bieten. Auch hier greift der Zeigarnik-Effekt aus dem Abschnitt *Unbewusste Motive – klare Zielformulierungen*, Seite 37f., indem er die großen, langfristigen individuellen Visionen in kleine Ziele unterteilt und somit die Motivation zur Zielerreichung in Gang hält.

Hebel 4: Störungsfreiheit garantieren, Verantwortung übertragen und Gestaltungsfreiheit ermöglichen

Frage: Was können Führungskräfte tun, die selbst nicht wirklich innovativ und mitreißend sind? **Antwort:** Aus dem Weg gehen!

Es gibt Unternehmen, in manchen Branchen, beispielsweise im Software-Bereich, mehr als in anderen, die vor engagierten Mitarbeitern bersten. Das Beste, was sie als Führungskraft bei solchen Mitarbeitern tun können, ist, aus dem Weg zu gehen (vgl. Sprenger 1995: 186).

Aktiver bedeutet dies, die Mitarbeiter vor äußeren Störungen und Ablenkungen zu schützen. Es mag seltsam anmuten, aber diese indirekte und demütige Aufgabe erscheint essenziell für die Mitarbeitermotivation. Auch auf die Gefahr hin, sich damit eher als Sekretär denn als Führungskraft zu sehen: Vor allem kreative Mitarbeiter werden es Ihnen danken!

Gleichzeitig sollten Mitarbeiter genügend Spielraum in der Ausführung einer Aufgabe haben, das bekannte Was und Wie, das Sie bereits aus dem Abschnitt *Das Bungee-Prinzip*, Seite 39ff. kennen. Der Mitarbeiter sollte damit die Möglichkeit einer freien Zeiteinteilung, genügend Autonomie, Entscheidungs- und Handlungsspielraum bekommen.

Hebel 5: Rückmeldesysteme etablieren

Wie bereits gesehen, sind Rückmeldungen enorm wichtig, damit der Mitarbeiter weiß, wo er steht. Dies wird am besten indirekt erreicht, indem Kommunikationsstrukturen geschaffen werden, man sich gegenseitig über Probleme und Fehler austauscht und Feedback gibt.

Beispiel: Arbeiten im Tandem
Als sehr motivationsfördernd hat sich die Arbeit im Tandem bewährt. Zwei Personen arbeiten am gleichen Thema mit unterschiedlichen Schwerpunkten. Sie treffen sich täglich bis wöchentlich, um sich über Fortschritte und Probleme auszutauschen. Mitarbeiter, die im Tandem arbeiten, empfinden dies als enorm stimulierend und motivierend.

Im Dialog Führungskraft-Mitarbeiter machen jährliche Feedbackgespräche wenig Sinn, um die tägliche Motivation des Mitarbeiters zu erhöhen. Anstatt eines Abgleichs von Zielen und Erwartungen erfordert die Feinjustierung im Alltag einen Führungsstil à la ›Management by walking around‹. Führungskräfte zeigen damit Präsenz und geben vor allem unsicheren Mitarbeitern direkte Rückmeldungen am Arbeitsplatz über deren Vorgehensweisen. Zudem muss es kaum noch erwähnt werden: Wenn Führungskräfte ihre Mitarbeiter vor Ort besuchen, sehen, hören und nachvollziehen, was diese tagtäglich leisten, funken Spiegelneuronen en masse. Einmal pro Jahr am Schreibtisch des Chefs können Sie auf einen solchen Austausch nur hoffen.

Deutlich abzugrenzen sind Feedback oder Rückmeldungen von Lob und Kritik. Lob und Kritik erinnern an das hierarchische Verhältnis zwischen Eltern und Kind. Führungskräfte bewerten damit das Verhalten des Mitarbeiters nach den eigenen, gottgegebenen Maßstäben. Sie besitzen die alleinige Definitionsmacht der Bewertung.

Dies mag in Situationen, die Mitarbeiter nicht überblicken können, sinnvoll erscheinen, kann jedoch, vor allem bei Kritik, die Motivation des Mitarbeiters zerstören, da er sich nicht mehr als Erwachsener erlebt, sondern in seine Kindheit zurückkatapultiert wird.

Auch Feedback greift auf die individuelle Einschätzung der Führungskraft als Bewertungsmaßstab zurück. Doch aufgrund der Transparenz dieser Einschätzung bekommt das Feedback entweder als Danke-Feedback (siehe Abschnitt *Danke-Feedback* auf Seite 126ff.) einen emotional klaren oder als Spiegelung der Fakten einen sachlich klaren Anstrich, während Lob und Kritik auf die Persönlichkeitsebene gehen und zumeist die Bewertungsmaßstäbe im Dunkeln lassen.

Beispiel: Lob, Kritik und Feedback

Lob oder Kritik könnte so aussehen: »Das haben Sie gut (schlecht) gemacht.« Feedback ist komplexer und zeigt gleichzeitig in die Zukunft: »Sie haben die Aufgabe in zwei Stunden geschafft. Ich hatte dafür eine Stunde eingeplant. Was können wir in Zukunft anders machen?«

Damit eröffnen Rückmeldungen den Raum für weitere Gespräche. Diese Gespräche können auch unangenehm sein, wenn sie mit einer Infragestellung der Bewertungskriterien verbunden sind. Doch immerhin besteht damit die Möglichkeit zu Kontakt und einem echten Austausch.

Dass Führungskräfte in der Regel eine andere Meinung beziehungsweise mehr Wissen und ein größeres Erfahrungsspektrum als Mitarbeiter haben, ergibt sich aus ihren Erfahrungen, ihrer Rolle und der damit verbundenen Verantwortung. Als Feedback können diese Meinungen zu einer Ehrlichkeit führen, die imstande ist, Veränderungen tatsächlich anzubahnen.

Zudem entfällt durch sachliche Rückmeldungen der Druck, wissen zu müssen, was richtig und falsch ist, was es insbesondere Einstiegsführungskräften leichter macht, der Harmoniefalle zu entkommen. Viele Führungskräfte sagen aufgrund dieses Drucks oft gar nichts oder tun dies zu spät. Ein sachliches Feedback beruht auf Ihrer transparenten persönlichen Meinung und kann daher nie falsch sein. In Ihrer Rolle als Führungskraft teilen Sie diese Meinung demütig im Sinne von Kapitel 3.8 *Respekt und Demut*, Seite 136ff. oder mit Nachdruck mit. Erst die Meinung des Mitarbeiters macht das Bild komplett. Denn vier Augen sehen mehr als zwei.

Ein paar Feedback-Regeln helfen, die erwünschten Effekte zu erzielen:
- Achten Sie auf den richtigen Zeitpunkt. Es geht nicht um den perfekten Zeitpunkt. Der wird niemals kommen. Es geht um den Ausschluss von Unsituationen, zum Beispiel Konfrontationen inmitten des Teams.
- Bei aller Kritik: Betonen Sie die positiven Seiten Ihrer Mitarbeiter. Positive Seiten wirken wie die Einzahlung auf ein Girokonto. Sie können nur Geld abheben, wenn Sie bereits etwas eingezahlt haben.

- Bleiben Sie bei einem konkreten Beispiel und beziehen Sie sich dabei auf eine klare, unleugbare Wahrnehmung. Ein Beispiel reicht aus. Wenn Sie ein Fass aufmachen wollen, ist dies nicht das Problem Ihres Mitarbeiters, sondern Ihres. Sie haben schlicht und einfach zu lange gewartet und kein Mitarbeiter wird Verständnis dafür haben, wenn Sie längst vergangene Punkte ansprechen.
- Setzen Sie einen Marker und belassen es vorerst dabei. Rückmeldungen brauchen Zeit, bis sie ihre Wirkung entfalten. Vereinbaren Sie ein zweites Gespräch, aber geben Sie Ihrem Mitarbeiter genügend Zeit, um sich klarzumachen, was er darüber denkt und ob er sich verändern möchte oder nicht.

Motivations-Faktor 10/10

Je kreativer Mitarbeiter agieren, desto mehr Spaß haben Sie an der Arbeit und desto motivierter sind sie. Im Großen und Ganzen gilt dies sowohl für die Hochkreativen als auch für die weniger Kreativen. Das Ergebnis wird unterschiedlich sein. Doch mit sich selbst verglichen, werden auch die niedrig Kreativen über sich hinauswachsen und Flow-Erlebnisse haben.

Und je mehr Aufgaben Ihre Mitarbeiter eigenverantwortlich übernehmen, desto mehr können Sie sich anderen Aufgaben widmen.

KOMPAKT **Auch die beiden Themen Demokratie und Flow zeigen, wie individuell die Motivationsgestaltung der Mitarbeiter auszusehen hat. Während die Demokratiefähigkeit Kompetenzen und Motive unseres Dominanz-Systems benötigt, spricht das Flow-Prinzip stärker unser Stimulanz-System an (siehe Abschnitt *Unser Stimulanz-System*, Seite 57f.).**

Fazit

5

Motivation lässt sich nicht verordnen. Die Gestaltung von Atmosphären als Startpunkt und die Vereinbarung von Zielen als Endpunkt bilden einen notwendigen Rahmen für die Motivations- und Leistungsentwicklung eines Mitarbeiters.

Auf dem Weg Richtung Ziel sind die größten Motivatoren die sieben vorgestellten Haltungen. Dabei wirken sich diese Haltungen sowohl auf die eigene Motivation aus als auch auf den Kontakt mit den Mitarbeitern. Dafür ist es unabdingbar, sich zuvor als Führungskraft die persönlichen Rollen als Löwenbändiger, Mentor, Coach und so weiter bewusst zu machen.

Durch die Bewusstheit der eigenen Rollen und Verinnerlichung der Haltungen bekommen Führungskräfte Haltung und Stabilität. Sie werden gelassener, optimistischer, authentischer, wirkungsorientierter, respektvoller, fairer und vertrauensvoller. Dabei zeigt sich, dass diese vermeintlich weichen Eigenschaften psychologisch einen durchaus harten Kern besitzen:

- Wie neurobiologisch nachgewiesen wurde, entstehen erst auf der Basis von **Gelassenheit** neue Verhaltensweisen. Erst die Gelassenheit macht uns und andere frei, um etwas Neues zu entdecken.
- Der **Optimismus** verändert den Fokus von dem, was nicht funktioniert, dahin, was möglich ist.
- **Authentizität** bringt die gegenseitigen Erwartungen entwaffnend ehrlich auf den Tisch, anstatt sich in Allgemeinplätze zu flüchten.
- Die **Wirkungsorientierung** setzt an den Ergebnissen an, anstatt nur bei guten Absichten zu bleiben.

- **Respekt** für die Leistung anderer macht den Mitarbeitern klar, dass ihre Expertise und ihr Engagement gefragt sind.
- Echte **Fairness** kann für manche Mitarbeiter schmerzhaft sein, ist jedoch unerlässlich, um individuelle Motivation zu fördern.
- Und auch das **Vertrauen** besitzt einen harten Kern, indem es die Mitarbeiter zwingt, Eigenverantwortung zu übernehmen.

Um neben diesen führungsorientierten Haltungen zusätzlich die Persönlichkeitseigenschaften der Mitarbeiter zu berücksichtigen, bietet es sich an, die Demokratiefähigkeit für unsichere und dominante Mitarbeiter einerseits und Kreativität für stimulanzorientierte Mitarbeiter andererseits zu fördern.

Damit wird der innere Konflikt zwischen Stabilität und Flexibilität aufgelöst. Die sieben Haltungen machen Sie stabil, während Sie auf der Verhaltensebene flexibel bleiben.

Der Autor

 **Michael Hübler** wurde 1972 in Geislingen/ Steige geboren. Nach dem Studium der Diplom-Pädagogik und einer leitenden Funktion in einer Non-Profit-Organisation kam er 2006 dort an, wo er sich am wohlsten fühlt: auf dem freien Markt. Der Coach, Trainer und Berater arbeitet und lebt zusammen mit seiner Frau und zwei Kindern in Fürth/Franken.

Neben seinen Buchveröffentlichungen verfasst er regelmäßig Artikel unter www.m-huebler.de/blog. Seine Themenschwerpunkte sind Emotionale Kompetenzen, Führung und Kommunikation.

Kontakt:
E-Mail: info@m-huebler.de
Internet: www.m-huebler.de

Literaturverzeichnis

Ariely, Dan (2008): Denken hilft zwar, nützt aber nichts. Warum wir immer wieder unvernünftige Entscheidungen treffen. Droemer Verlag, München.

Bauer, Joachim (2006): Prinzip Menschlichkeit. Warum wir von Natur aus kooperieren. Hoffmann und Campe, Hamburg.

Bleicher, Knut (1991): Das Konzept integriertes Management. Das St. Galler Management-Konzept. Campus Verlag, Frankfurt am Main.

Birkenbihl, Vera F. (2002): Das innere Archiv. Training für die >>grauen Zellen<<. GABAL Verlag, Offenbach.

Birkenbihl, Vera F. (2004): Trotzdem Lernen. GABAL Verlag, Offenbach.

Csikszentmihalyi, Mihaly (2004): Flow im Beruf. Das Geheimnis des Glücks am Arbeitsplatz. 2. Auflage, Klett-Cotta Verlag, Stuttgart.

Damasio, Antonio R. (1998): Descartes' Irrtum. Fühlen, Denken und das menschliche Gehirn. 3. Auflage, dtv Verlag, München.

Damasio, Antonio R. (2007): Der Spinoza-Effekt. Wie Gefühle unser Leben bestimmen. 4. Auflage, Ullstein Verlag, Berlin.

Die Welt online (2012): Gutes Betriebsklima ist wichtiger als höherer Lohn. www.welt.de/wirtschaft/article13798119/Gutes-Betriebsklima-ist-wichtiger-als-hoeherer-Lohn.html, abgerufen am 3. März 2014.

Feldenkrais, Moshé (2005): Das starke Selbst. Anleitung zur Spontaneität. Suhrkamp Verlag, Frankfurt am Main.

Fisher, Roger; William Ury; Bruce Patton (1996): Das Harvard-Konzept: sachgerecht verhandeln – erfolgreich verhandeln. 15. Auflage, Campus Verlag, Frankfurt am Main.

Gallup-Studie 2012: http://www.gallup.com/region/europe/160037/innere-kündigung-bedroht-innovationsfähigkeit-deutscher-unternehmen.aspx, abgerufen am 28. Juli 2014.

Gigerenzer, Gerd (2007): Bauchentscheidungen. Die Intelligenz des Unbewussten und die Macht der Intuition. Bertelsmann Verlag, München.

Gigerenzer, Gerd (2013): Risiko. Wie man die richtigen Entscheidungen trifft. Bertelsmann Verlag, München.

Goleman, Daniel (1999): EQ2. Der Erfolgsquotient. Hanser Verlag, München.

Goleman, Daniel; Richard Boyatzis; Annie McKee (2003): Emotionale Führung. Ullstein Verlag, Berlin.

Grant, Adam (2013): Geben und Nehmen. Erfolgreich sein zum Vorteil aller. Droemer Verlag, München.

Häusel, Hans-Georg (2000): Think Limbic! Die Macht des Unbewussten verstehen und nutzen für Motivation, Marketing, Management. Haufe-Verlag, München.

Heckhausen, Heinz (1989): Motivation und Handeln. 2. Auflage, Springer Verlag, Berlin.

Hüther, Gerald (2010): Erfahrungslernen, Persönlichkeitsentwicklung und Angstbewältigung (DVD). Auditorium Netzwerk Mülheim/Baden.

Iacoboni, Marco (2009): Woher wir wissen, was andere denken und fühlen. Die Wissenschaft der Spiegelneuronen. DVA Verlag, München.

Keysers, Christian (2011): Unser empathisches Gehirn. Warum wir verstehen, was andere fühlen. 2. Auflage, Bertelsmann Verlag, München.

Lehrer, Jonah (2009): Wie wir entscheiden. Das erfolgreiche Zusammenspiel von Kopf und Bauch. Piper Verlag, München.

Levine, Robert (2009): Die große Verführung. Psychologie der Manipulation. 4. Auflage, Piper Verlag, München.

Mahlmann, Regina (2002): Führungsstile flexibel anwenden: mitarbeiterorientiert, situativ und authentisch führen. Beltz Verlag, Weinheim.

Malik, Fredmund (2002): Führen, Leisten, Leben. Wirksames Management für eine neue Zeit. 4. Auflage, Heyne Verlag, München.

Makridakis, Spyros; Robin Hogarth; Anil Gaba (2010): Tanz mit dem Glück. Wie wir den Zufall für uns nutzen können. Tolkemitt Verlag bei 2001, Berlin.

Martens, Jens Uwe; Julius Kuhl (2005): Die Kunst der Selbstmotivierung. 2. Auflage. Kohlhammer Verlag, Stuttgart.

Mikunda, Christian (1997): Der verbotene Ort oder Die inszenierte Verführung. Unwiderstehliches Marketing durch strategische Dramaturgie. 2. Auflage, ECON Verlag, Düsseldorf.

Moskowitz, Michael (2010): Gedanken lesen. Erkennen, was andere denken und fühlen. Piper Verlag, München.

Norretranders, Tor (2006): Über die Entstehung von Sex durch generöses Verhalten. Warum wir Schönes lieben und Gutes tun. Rowohlt Verlag, Reinbek bei Hamburg.

Pfläging, Niels (2008): Führen mit flexiblen Zielen. Beyond Budgeting in der Praxis. Campus Verlag und Handelsblatt, Frankfurt am Main.

Rosenberg, Marshall B. (2008): Gewaltfreie Kommunikation am Arbeitsplatz und in Organisationen (DVD). Auditorium Netzwerk Mülheim/Baden.

Roth, Gerhard (2008): Persönlichkeit, Entscheidung und Verhalten. 4. Auflage. Klett-Cotta, Stuttgart.

Schulz von Thun, Friedemann (1989): Miteinander reden: 2. Stile, Werte und Persönlichkeitsentwicklung. Rowohlt Verlag, Reinbek bei Hamburg.

Schulz von Thun, Friedemann (2005): Miteinander reden: 3. Das >>Innere Team<< und situationsgerechte Kommunikation. 14. Auflage, Rowohlt Verlag, Reinbek bei Hamburg.

Seidel, Wolfgang (2004): Emotionale Kompetenz. Gehirnforschung und Lebenskunst. Elsevier Verlag, München.

Sprenger, Reinhard K. (1995): Mythos Motivation. Wege aus einer Sackgasse. 8. Auflage, Campus Verlag, Frankfurt.

Spitzer, Manfred (12/2005): Geist und Gehirn Nr. 42. Neugier. BR-alpha.

Spitzer, Manfred (10/2006): Geist und Gehirn Nr. 79: Geben ist seliger denn Nehmen. BR-alpha.

Steiner, Claude (1999): Emotionale Kompetenz. dtv Verlag, München.

Thaler, Richard H.; Cass R. Sunstein (2011): Nudge. Wie man kluge Entscheidungen anstößt. Ullstein Verlag, Berlin.

Tscheuschner, Mark; Hartmut Wagner (2009): 30 Minuten TMS - Team Management System. GABAL Verlag, Offenbach.

Utler, Chistian (2006): Von der Schuldzuweisung zum Risikomanagement. In: Debatin, Jörg F.; Mathias Goyen, Christoph Schmitz (Hrsg.) (2006): Zukunft Krankenhaus. Überleben durch Innovation. ABW Wissenschaftsverlag, Berlin.

Watzlawick, Paul; John H. Weakland; Richard Fisch (1975): Lösungen. Zur Theorie und Praxis menschlichen Wandels. Verlag Hans Huber, Bern.

praxis kompakt – die neuen Ratgeber

Expertenwissen im Profiformat

Jeder Band
192 Seiten +
21,80 € · 22,50 € [A]

Karriere
Social Media
Erfolg Public Relations
Verkaufen
Kommunikation
Marketing **Selbstcoaching**
Management **Psychologie**
Rhetorik

Das moderne Mitarbeitergespräch

Miriam Gross
Das moderne Mitarbeitergespräch
Das Führungsinstrument für die
zeitgemäße Personalentwicklung

184 Seiten; 2012; 21,80 Euro
ISBN 978-3-86980-197-1; Art-Nr.: 908

Mitarbeitergespräche sind in vielen Unternehmen an der Tagesordnung. Führungskräfte wie Mitarbeiter kämpfen mit dieser angeordneten, zur jährlichen Pflichtübung verkommenen Farce, denn der Bezug dieser Gespräche zum Miteinander im Alltag fehlt gänzlich. Die Ressourcen, die in Mitarbeitergesprächen als wirkungsvollem Führungsinstrument stecken, werden verschleudert und sogar ins Gegenteil verkehrt.

In ihrem neuen Buch vermittelt Miriam Gross ein unbeschwertes, neues Bild von Mitarbeitergesprächen, die zum heutigen Verständnis zeitgemäßer und vertrauensorientierter Führung passen. Moderne Führungskräfte nutzen beides: die ritualisierten, Halt gebenden Mitarbeitergespräche wie auch die kleineren, anlassbezogenen Gespräche. Souverän und wertschätzend jonglieren sie mit der Vielfalt dieses Führungsinstruments, um damit ihre Teams und Abteilungen optimal zu entwickeln.

Dieses Buch liefert einen Fundus an Ideen, wie aus dem miteinander Reden auch ein miteinander Vorangehen wird – der Grundgedanke des neuen Mitarbeitergespräches.

Konflikte führen

Linda Schroeter
Konflikte führen
Die 5-Punkte-Methode für konstruktive
Konfliktkommunikation

192 Seiten; 2013; 21,80 Euro
ISBN 978-3-86980-244-2; Art-Nr.: 933

Ob Geschäftspartner, Chef, Kollege, Nachbar oder Lebenspartner – Konflikte entstehen, ganz gleich, ob beruflich oder privat, aus den unterschiedlichsten Gründen: Meinungsverschiedenheiten, unterschiedlichen Perspektiven und Zielsetzungen, Missverständnissen, ... Doch eines haben alle Konflikte gemeinsam – sie verlassen schnell die sachliche Ebene und enden in einem emotionalen Schlagabtausch, der die Situation oft eskalieren lässt. So weit muss es nicht kommen. Mit den richtigen Kenntnissen und etwas Übung lassen sich Konfliktsituationen schnell entschärfen.

Diplom-Psychologin Linda Schroeter zeigt in ihrem Buch, wie Sie Konfliktgespräche vorbereiten und durchführen können. Denn mit der praxiserprobten 5-Punkte-Methode und vielen Tipps aus der täglichen Konfliktmanagementpraxis lassen sich Konfliktsituationen auflösen und entspannte Gespräche führen. Nebenbei hilft Ihnen dieses Buch, Ihre Kommunikationsfähigkeiten zu verbessern und neue attraktive Verhaltensweisen und Einstellungen zu entwickeln.

»[...] Die positive Konfliktkultur, für die das Buch wirbt, ist ein wichtiger Baustein eines gesünderen und glücklicheren Lebens, in dem Konflikte nur noch ein gut zu bewältigendes Nebenthema sind. Die Lektüre verhilft dazu, in Zukunft mehr Konflikte anzusprechen, sie aber auch auszufechten und zu lösen. Darum empfiehlt getAbstract dieses Buch wärmstens allen, die ihr Leben – auch ihr Arbeitsleben – mehr genießen wollen.«

getAbstract, April 2014

Ab jetzt Führungskraft

Nadja Raslan, Franz Hölzl
Ab jetzt Führungskraft
So meistern Sie die ersten 100 Tage

192 Seiten; 21,80 Euro
ISBN 978-3-86980-268-8, Art.-Nr. 937

Sie haben es geschafft und sind in einer Führungsposition angekommen. Unter der kritischen Beobachtung von Mitarbeitern, Kollegen und Vorgesetzten gilt es jetzt, die ersten Schritte im Spannungsfeld der Erwartungen zu gehen. Die neue Aufgabe bringt Herausforderungen und Fallen mit sich. Gerade deshalb empfiehlt es sich, die erste Wegstrecke vorbereitet und strukturiert anzugehen und irreparable Fehltritte zu vermeiden.

Genau hier setzt das Buch von Nadja Raslan und Franz Hölzl an. Mit einem professionellen Einarbeitungs- und Reviewplan hilft es neuen Führungskräften sich auf ihre Aufgabe vorzubereiten und systematisch die neue Rolle einzunehmen. Viele praxisnahe Beispiele zeigen Ihnen, wie Sie Ihren Führungsalltag gestalten, Ziele formulieren und umsetzen, Mitarbeiter motivieren und sich erfolgreich in der Führungsetage etablieren.

Das Sachbuch aus dem Verlag BusinessVillage ist ausgesprochen gut gegliedert und gestaltet. Es verzichtet vollkommen auf abgehobene Managementformeln und schafft über sehr plastisch erzählte Beispiele den schnellen Zugang zu den typischen Alltagsproblemen in der Führungsposition.

(Hamburger Abendblatt, 19./20. Juli 2014)

www.BusinessVillage.de

Richtig führen ist einfach

Matthias K. Hettl
Richtig führen ist einfach
Der Führungskompass zur wirksamen
Mitarbeiterführung

200 Seiten; 2014; 21,80 Euro
ISBN 978-3-86980-189-6; Art-Nr.: 901

Führungskompetenz ist nach wie vor der Engpassfaktor in Unternehmen. Der bekannte TOP-Trainer Matthias K. Hettl zeigt in seinem neuen Buch die alltäglichen Situationen, an denen Nachwuchsführungskräfte und erfahrene Praktiker immer wieder scheitern, und erklärt, wie man das vermeidet.

Ausgangspunkt ist die persönliche Führungsstilanalyse, mit deren Hilfe Sie Ihren persönlichen Führungsstil reflektieren und prüfen können. In einem guten Überblick über die gängigen Führungskonzepte und -stile verdeutlicht der Autor gleichzeitig die Grenzen der unreflektierten Methodengläubigkeit. Praxisorientiert zeigt er, wie man durch die situative Anwendung der verschiedenen Führungskonzepte – abhängig von Mitarbeiter und Kontext und persönlichem Führungsstil – bessere Ergebnisse erzielt.

In dieses Buch sind die Erfahrungen aus Hunderten von Führungskräfteseminaren eingeflossen. Mit über sechzig konkreten Praxistipps zur Mitarbeitermotivation und einer Fülle von Tools und Techniken finden Sie in diesem Buch Antworten, wie Sie den Führungsalltag wirkungsvoll meistern und Ihren persönlichen Führungsstil systematisch verbessern.

Resilienz

Denis Mourlane
Resilienz
Die unentdeckte Fähigkeit der
wirklich Erfolgreichen

232 Seiten; 2014; 24,80 Euro
ISBN 978-3-86980-249-7; Art-Nr.: 940

Erfolgreiche Menschen haben eine Eigenschaft, die sie von anderen unterscheidet und doch sofort wahrnehmbar ist: Gelassenheit. Sie meistern schwierige Situationen scheinbar mit Leichtigkeit, persönliche Angriffe prallen an ihnen ab und selbst unter hohem Druck büßen sie ihre Leistungsfähigkeit nicht ein.

Was machen diese Menschen anders? Sie beherrschen die Gelassenheit im Umgang mit sich, mit ihren Mitmenschen und mit den Herausforderungen, die das Leben und ihre tägliche Arbeit für sie bereithalten. Eine Eigenschaft, nach der sich immer mehr Menschen sehnen und die in der heutigen Zeit immer bedeutender wird. Resiliente Menschen verbinden diese Fähigkeit mit einer erstaunlichen Zielorientierung, Konsequenz und Disziplin in ihrem Handeln und erreichen dadurch etwas, was sie von vielen anderen unterscheidet: persönlichen Erfolg UND ein sehr großes Wohlbefinden.

In einer der wahrscheinlich spannendsten Reisen, der Reise zu Ihrem eigenen Leben, bringt Ihnen Dr. Denis Mourlane das Konzept der Resilienz näher und zeigt Ihnen, wie Sie es in Ihren Alltag integrieren.

Buch der Woche im Hamburger Abendblatt, 23./24. März 2013!